寄生虫を守りたい

Sasaki Mizuki
佐々木瑞希

dZERO

まえがき

私は獣医師であり、寄生虫研究者である。自己紹介のときに「獣医師です」と言うと「動物が好きなんですね」とやさしく微笑《ほほえ》まれることが多い。しかし、「寄生虫について研究しています」と言うと、「寄生虫!? なぜ寄生虫なんかに興味を持ったんですか？」と尋ねられる。しかも、眉《まゆ》をしかめて怪しむような表情で。そんなときこそチャンスである。

「寄生虫」という言葉を恐れ、気持ち悪がっている方に寄生虫のおもしろさを知っていただくことは、私の楽しみであり仕事の一つだと思っている。

好きな寄生虫やそのおもしろさについてなら何時間でもしゃべっていられるが、「なぜ寄生虫に興味を持ったのか」「なぜ寄生虫学者になったのか」という質問は少し難しい。

獣医師になった理由はシンプルで、イヌやネコが好きだったからだ。そう、あれらはかわいいから。かわいいものを好きだという分には何も突っ込まれない。かわいいものが好きだったはずの私が寄生虫を研究している理由は私にも分からない。寄生虫とネコを同じようにかわいいと思っているわけでは決してない。

思い当たるきっかけといえば、大学で寄生虫の講義を受けたときに、何となく寄生虫の形態やライフサイクルの複雑さが気に入ったことくらいである。また、寄生虫学実習でスケッチをしたことも印象に残っている。解剖学《かいぼうがく》や組織学のスケッチと違って、「知らない生き物」を描くのが新鮮だったのだと思う。

それほど深い理由はなく五年次に寄生虫学研究室の所属となり、バベシア原虫と呼ばれる家畜の赤血球に寄生する原生生物について研究した。バベシア原虫はマダニによって媒介されるのだが、マダニを使って感染実験を試みたり、マダニを解剖して唾液腺を取り出したり、楽しかったのを覚えている。

大きな声では言えないが、「家畜の病気を治したい、予防したい」という気持ちより「マダニおもしろい」という気持ちが強かった。その「おもしろい」という感覚を植え付けてくれたのが、やる気があるのかないのかよく分からない指導教員で、彼に出会えなければ寄生虫の研究などしていなかっただろう。

しかし、当時は研究者になりたいとは考えていなかった。卒業研究をそれなりにやり過ごして国家試験に合格し、獣医師として動物病院に就職した。たくさんのイヌやネコ（そして飼い主であるヒト）を観察することができ、その経験は今も役立つことが多い。

寄生虫学研究室出身といえども、原生生物とマダニしか見たことがなかったので、子猫が大量の回虫《かいちゅう》を吐き出したときは、パニックになって院長に報告した。するとあっさり「駆虫薬飲ませればいいだろ」と言われただけだったので、「そういえばそうだな」と恥ずかしくなって回虫を全て捨ててしまった。あれはもったいないことをした。このときのことは本当に悔やんでいて、今でも夢に出てくるほどである。ちなみに、猫回虫は乳汁《にゅうじゅう》感染するため、生後二、三か月の子猫が成虫を保有していても不思議はない。

動物病院の仕事はおもしろかったが、すっきりしないことが多かった。動物の病気が治る、あるいは病気により死んでしまった場合、それ以上原因を追究するのが難しい。不謹慎ではあるが、もっと調べたい、ときに剖検《ぼうけん》したいとさえ思った。

「調べたい」という気持ちが研究者になるきっかけだったと思う。しかし、ここから研究者になることはできるのだろうか？　かつての指導教員に相談したところ、大学院に入ればよいという。当時三〇歳直前だったが、仕事を辞めて大学院に進学した。この年頃の女性に対して仕事を辞めてうちのラボに来いなどとよく言えたものだ。どう責任をとるつもりだったのか、指導教員に問いたい（幸いなことに、責任をとってもらう必要はなかった）。

とにかく、研究者になった理由は「もっと調べたい」からであり、それは今も、この先も変わらない。研究者はみなそうである。きっかけがたまたま寄生虫だっただけだ。たまたま出会った寄生虫の見た目が美しく、生き方が複雑で魅力的だっただけ。

それは対象がイヌであっても、鳥であっても、昆虫でもプラナリアでも同じだ。しかも寄生虫は、その生活に「宿主《しゅくしゅ》」の存在が不可欠で、一つの寄生虫のライフサイクルに複数の生物が関与する。

寄生虫研究者にとっては、寄生虫だけではなくて哺乳類《ほにゅうるい》や鳥類、魚類などの脊椎《せきつい》動物、昆虫や軟体《なんたい》動物などの無脊椎動物、さらには植物までとにかくあらゆる生物が研究対象となる。だから、本書を読んで寄生虫の魅力を知った後に寄生虫研究者を名乗る人物に出会ったら、「生き物が好きなんですね」と微笑んでほしい。

目次

第四章

運任せの一生

河川や湖沼を利用する寄生虫

第五章　圧倒される個体数と多様性

広い海を回遊する寄生虫

第六章　絶滅から救いたい

自然環境と寄生虫の関係

寄生虫を守りたい

序章

はかない生きざま

世界は寄生虫だらけ

現代の日本ではヒトの寄生虫感染症は過去のものになりつつある。しかし、私たちの身近にはたくさんの寄生虫が存在している。見えていないだけで、世界は寄生虫だらけである。公園のカタツムリにも、草むらにいる昆虫にも、池のカエルにも、買ってきた魚にも何かしらの寄生虫が存在する。宿主《しゅくしゅ》がいれば、それに対応する寄生虫が生活している。そう考え始めると、昨日までとは世界が違って見える。

その一方、滅びゆく寄生虫も多い。ヒトを好適な宿主としている寄生虫は、人々が感染症に注意を払い、清潔になるほど減っていく。かつてほとんどの日本人に寄生がみられたヒト回虫《かいちゅう》はきわめて珍しいものになったし、蟯虫卵陽性率《ぎょうちゅうらんようせいりつ》の低下により学校検診における蟯虫検査の義務もなくなった。

山梨県をはじめとしたいくつかの地方で風土病《ふうどびょう》として恐れられた日本住血吸虫症《にほんじゅうけつきゅうちゅうしょう》も、中間宿主《ちゅうかんしゅくしゅ》であるミヤイリガイの駆除により日本での清浄化が果たされた。

ヒトを宿主とする寄生虫だけではない。野生動物（脊椎《せきつい》動物だけでなく無脊椎動物も含む）の個体数の減少に伴い、これらを宿主として利用する寄生虫も減少している。当然のことながら、宿主となる動物の多様性が失われれば、寄生虫もまたその種数を減らしてしまう。

寄生虫種によっては宿主に強いこだわりを持っており、「この種でなければ発育できない」という場合がある。これを宿主特異性《しゅくしゅとくいせい》という。宿主特異性が高い場合、頼りにしていた宿主が絶滅してしまえば、寄生虫も運命をともにする。このはかなさも寄生虫の生きざまの美しさだと思うが、滅びてしまった寄生虫を二度と見ることができないのは残念である。

特に私が興味を持っている扁形《へんけい》動物（プラナリアに代表されるように、骨格を持たず柔らかな体をしている）などは化石に残ることもないので、過去にどんな奇妙な形の、どんな変わったライフサイクルを送る寄生虫がいたか、想像することすらできない。滅びていなくても、個体数の少ない野生動物を捕獲し、解剖《かいぼう》することはできないので、現存するがお目にかかることのできない貴重な寄生虫もいる。

解剖しなければならない、というのが寄生虫研究を行うことを難しくしていると思う。昆虫や魚類、鳥類などの分野ではアマチュア研究者が精力的に研究を行い、新しい発見をしている。寄生虫もアマチュア研究者が増えれば楽しいと思うのだが、「動物を殺して解剖する」行為は倫理的に問題がある上、野生動物の捕獲や死体回収を一般の方が行うことはできない。

野生動物を扱う上で感染症に関する知識が不可欠であり、その解剖はしかるべき施設で行わなくてはならないからだ。たとえ寄生虫には危険性がなくても、ウイルスや細菌感染の可能性がある。むろん、研究者であっても勝手に動植物を採集することはできず、野外における調査研究には行政などの許可が必要である。

ただし、哺乳類《ほにゅうるい》や鳥類を解剖しなくても寄生虫を観察するチャンスは十分にある。スーパーで買った魚（冷凍でなく生魚を丸ごと買うことをオススメする）を食べる前に調べてみるのはとても楽しい。

エラや体表には節足《せっそく》動物であるウオノエの仲間［図1］やカイアシ類［図2］がいるかもしれないし、ニシンやサバの体腔《たいくう》を観察すればアニサキス幼虫［図3］に出会えることだろう。消化管から長い条虫《じょうちゅう》を引っ張り出すことができるかもしれない。実体顕微鏡《じったいけんびきょう》があれば小さな吸虫類《きゅうちゅうるい》がうごめいているのも観察できる。

「虫」が嫌いだった

とにかく私が望むのは、「生きている寄生虫を見てほしい」ということだ。生きた寄生虫を見れば、世界が変わる。たくさんの寄生虫を見てきた私たちですら、生きた寄生虫を目にすると心が浮き立ち、その日はご機嫌でいられる。みなさんにもぜひこの喜びを味わってほしい。一般の方が寄生虫について興味を持ち知識を身につけることは、私たち研究

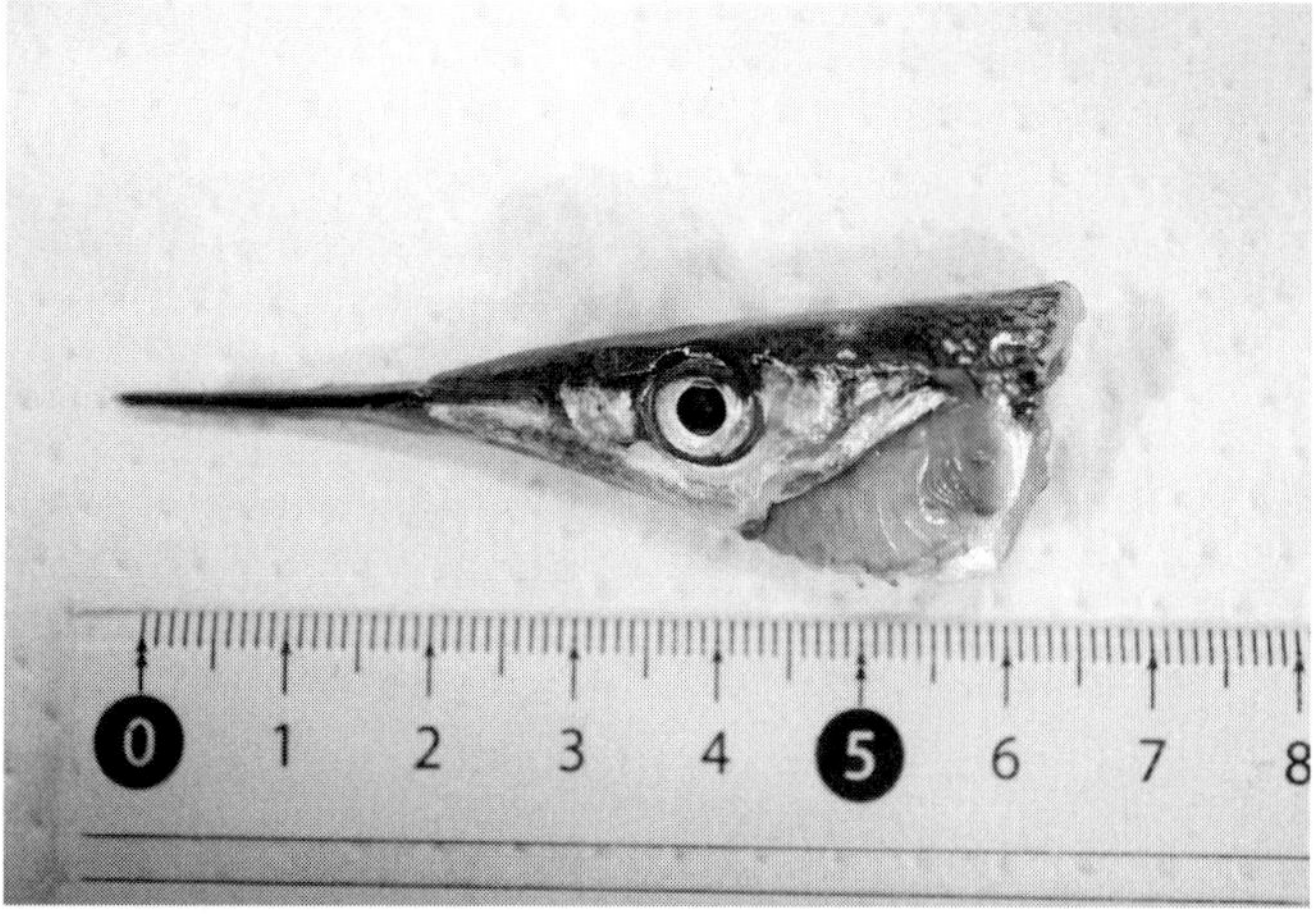

[図 1] サヨリのエラに寄生するウオノエ科等脚類。鰓蓋（えらぶた）を除去したところ。ブリエラヌシまたはサヨリヤドリムシと思われる。これら二種は抱卵雌の形態で識別されてきたが、近年、両者が同種である可能性について議論がなされている。写真では左のエラに雌が寄生しているのが見えるが、実は右側のエラには雌よりも体の小さい雄が寄生している。

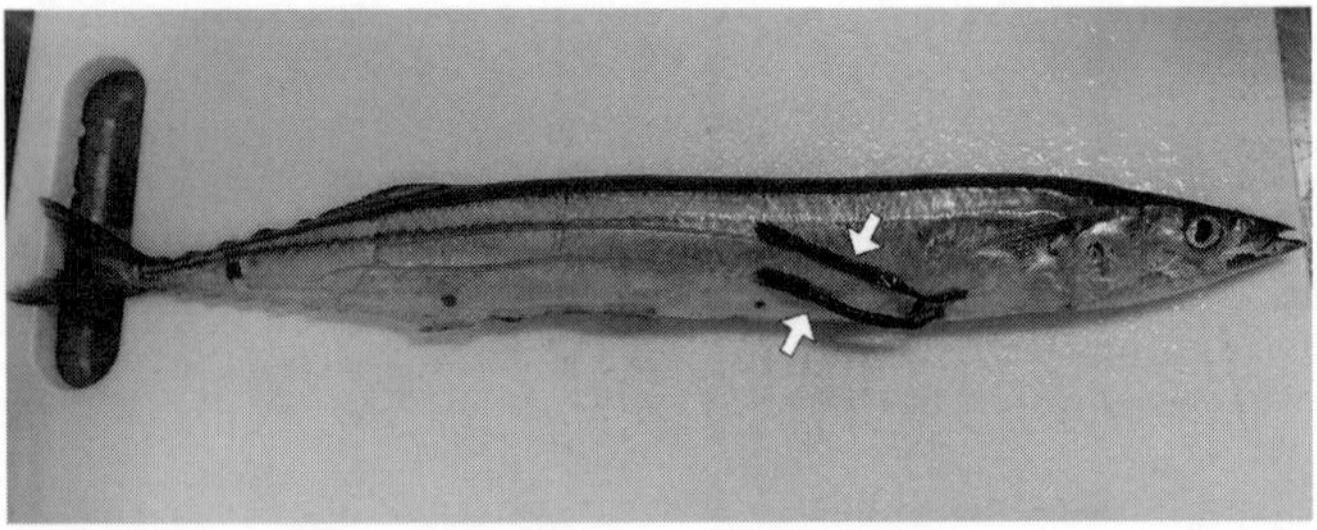

[図 2] サンマの体側に頭部を突き刺して寄生するサンマヒジキムシ。写真では 2 個体が寄生している。サンマヒジキムシと呼ばれるものの中には複数の種が含まれるとされ、種小名を特定せずペンネラ属の一種として扱われる。近年の分子系統学的解析により、ペンネラ属には二種あるいは三種しか存在しないことが分かった。これらの種の異同が確定されれば、真の名で呼ばれることになるだろう。

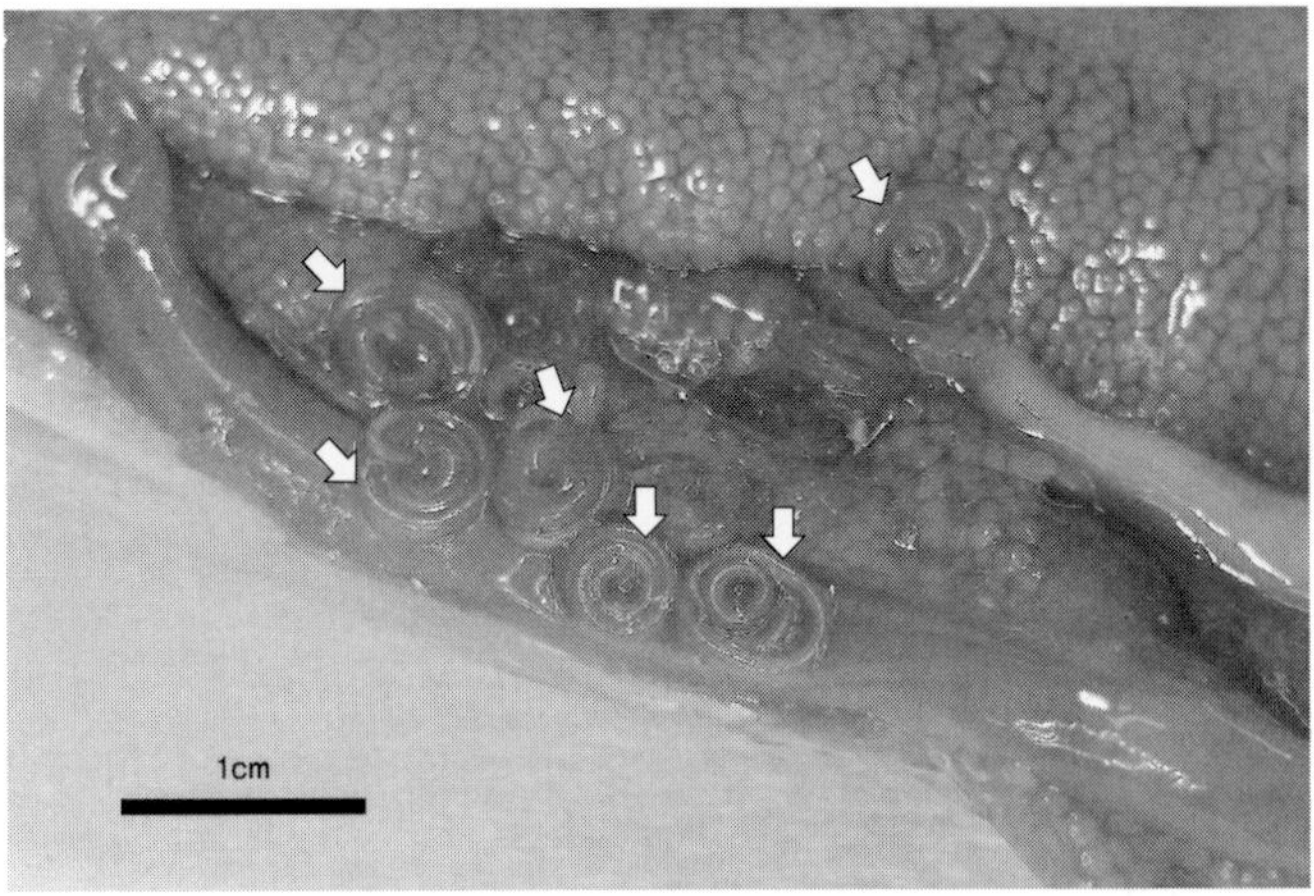

[図 3]　ニシンの体腔に寄生するアニサキス属線虫。ニシンやサバにおいては肝臓、消化管、精巣や卵巣などの表面に寄生していることが多い。

者を喜ばせるだけではなく、公衆衛生上重要なことだ。

誰でも未知のものには恐怖を感じるものだが、正体を知ってしまえば怖くなくなる。恐れる必要のあるものについても、正しい知識を得ることで正しい対応ができるようになる。

大きな声では言えないが、私も子供の頃は「虫」が嫌いで、特にイモムシなんかは写真ですら直視できないほどであった。嫌いなのに、なぜか誰よりも早く見つけてしまう。見ないように努めるが、そのせいでさらに想像が膨らみ、恐怖感が増す。それが今ではクネクネと動く寄生虫をつついて喜んでいるので、よく見て知れば怖くなくなるというのは真実である。ただし、毛虫は今でも少し苦手なので、絶対ではない。

動物の消化管から長い寄生虫を見つけたときに「ドキッ」「ビクッ」としてしまうのだが、あの感情が恐怖なのか喜びなのかよく分からない。私にとって恐怖と喜びはよく似た心の動きなのかもしれない。つまり、「見つけて怖がる」ことができる人は、「見つけて喜ぶ」感情に変えられる潜在能力を持っているはずだ。

哺乳類でも鳥類でも昆虫でも、たくさんの種類がいたほうが楽しい。「えっ、こんな生き物がいるの!?」という驚きは何ものにもかえがたい。誰でも心惹《こころひ》かれる生き物はいると思う。

好きな生き物であれ嫌いな生き物であれ、目に留まったらすでに心惹かれている。美しい、おもしろい、気持ち悪い、おいしい……感じ方に違いはあれど、誰しも生き物によって心が動かされており、これも生物多様性の恩恵の一つだと思う。その中に寄生虫がいることを少しだけ想像してもらえるとうれしい。目に留まりにくい生き物だからこそ、その存在を意識してほしい。

本書では、たくさんの寄生虫の中から私の好きな寄生虫の見た目や生き方を紹介する。そのため、取り上げる種は特定の分類群（私の好み）にやや偏っていることをお許しいただきたい。寄生虫の世界のごく一部を覗《のぞ》くだけでも、私たちには想像もつかない複雑で多様な生き方をしていることに驚くはずである。そんな世界をずっと維持したいと願う方が一人でも増えればうれしい。

第一章

なかなか過酷な寄生生活

多様すぎるライフサイクル

「寄生虫」の定義

「寄生」とは生物が他の生物に依存して一方的に利益を得ながら生活することである。寄生は共生の一種なのであるが、「一方的に依存」するため、片利共生《へんりきょうせい》、すなわち寄生される側の生物である宿主《しゅくしゅ》にはメリットがないのが普通である。

「寄生虫」はおもに「動物に寄生する動物」を指す。もちろん「動物に寄生する植物」や「植物に寄生する動物」あるいは「植物に寄生する植物」は存在するが、「虫」とは昆虫その他無脊椎《むせきつい》動物を指す言葉なので、植物および脊椎動物は除外される。

また、私の専門は寄生される側（宿主）が動物の場合に限られるので、本書ではおもに「動物に寄生する動物」を扱う。原生生物の中にも寄生虫として扱われるものが存在するが、真菌《しんきん》や細菌、ウイルスは寄生虫には含まれない。

「寄生虫」という言葉は比喩《ひゆ》的に、他人に依存して生活する人間のことを指すこともあり、良い意味で使われることはほとんどない。

寄生虫に対する嫌悪感は何に由来するのであろうか。まず一つは、他の生き物に寄生するという生き方そのものに対する、比喩に使われるようなずる賢く陰気なイメージだと思う。そして二つ目はニョロニョロした得体の知れない「虫」に対する不快感である。ダニのような目に見えない「虫」が潜んでいるかもしれないと恐れる人もいる。三つ目は、これが体の中に侵入し、病気を引き起こすという恐怖感であろう。得体の知れない生き物が体表を這《は》ったり、体内を動き回ったりする様子を想像すると確かに恐ろしい。実際には存在しないはずの寄生虫に感染していると信じ込む寄生虫妄想という精神疾患も存在する。それほどまでに「寄生虫」とは気持ち悪く、恐ろしい存在なのだ。

しかし、このニョロニョロも、桃《もも》色や橙《だいだい》色の染色液《せんしょくえき》で染め上げて観察すれば、内部構造は非常に美しい。頭部に美しい鉤《かぎ》の並ぶ冠を備えたものもいる。あんなに嫌われているマダニだって、よく見ればメカニックでかっこいい。

また、そのライフサイクルを知り、どの寄生虫がどんな動物の体にどうやって侵入するのか学べば、病気になる危険を回避することができる。

何を宿主としてどのような方法で子孫を残し、生息場所を拡大するのか分かれば、生態系における役割が解明できるかもしれない。不快なイメージを持たれがちな寄生虫たちも、よく観察し、その生き方を知れば誰しも興味を持つこと間違いなしである。

生物の分類ルールと寄生虫

生物を分類するときにはルールがある。大きなカテゴリーから界《かい》、門《もん》、綱《こう》、目《もく》、科《か》、属《ぞく》の各階級に分類していき、最後に種《しゅ》を決定するというものである。「界」が最も大きい階級で、動物界、植物界、原生生物界などに分けられる（原生生物および細菌などの分類については未《いま》だ議論がなされている）。その次の階級が「門」で、動物界であれば脊索《せきさく》動物門、節足《せっそく》動物門、線形《せんけい》動物門などのグループにまとめられる。さらに、例えば脊椎動物門の下には哺乳綱《ほにゅう》、鳥綱、爬虫綱《はちゅう》などのやや小さなグループが存在する。以下、少しずつ小さなグループに分けられていき、最終的に種に到達する。ヒトであれば動物界、脊椎動物門、哺乳綱、サル目、ヒト科、ヒト属、ヒトとなる。

学名は一つの種につき一つ与えられ、属名と種小名《しゅしょうめい》を組み合わせて表記される、その種の真の名前である。ヒトであれば *Homo sapiens*《ホモ・サピエンス》となる（*Homo* が属、*sapiens* が種である）。学名は地《じ》の文とは異なるスタイル（多くは斜体が用いられる）で表記される。文章内で二回目に登場する場合は *H. sapiens* というように属名を省略することができる。

学名はラテン語なので、基本的にローマ字読みしておけばよい。しかし、たまにどうしても読み方が分からないものがいる。例えば二〇二二年、私たちが日本で八〇年ぶりに再発見した *Michajlovia turdi*《ミカイロヴィア・ツルディ》という種の属名 *Michajlovia* はどう発音したらよいかよく分からないので、学会などでは小さな声でごにょごにょと「ミ……イロ……ア？」といった感じでごまかしている。これはロイコクロリディウムの研究で有名なポーランドの寄生虫研究者テレサ・ポイマンスカ博士がその師をたたえ、捧げた名である（これを献名という）。

それぞれの学名に対して与えられる「ヒト」や「イヌ」などの日本語の名（和名）は命名者あるいは後の研究者が決めることができ、カタカナで表記する。しかし、寄生虫においては謎《なぞ》の特別ルールがあり、漢字表記されることが多い。例えば、「ニホンカイレットウジョウチュウ」ではなく「日本海裂頭条虫《にほんかいれっとうじょうちゅう》」、「ニホンジュウケツキュウチュウ」ではなく「日本住血吸虫《にほんじゅうけつきゅうちゅう》」という具合だ。もちろん、カタカナで表記しても構わない。和名を持たない寄生虫も多く存在し、その場合は学名で呼んでいる。

ちなみに、私が「ヒト」と表記するのは生物学的な「ヒト」のことで、「人」と表記するときは生活とか感情とかを含む場合の「人」を指している。

寄生虫というのは生物学的な分類法に従って分類された特定の系統群の生物を指すものではなく、ただ「寄生性の動物あるいは原生生物」をまとめて呼んでいるだけである。いろいろな系統群において寄生生活を営むものが独立して出現し、それらをまとめて寄生虫としている。

扁形《へんけい》動物門、線形動物門、鉤頭《こうとう》動物門、節足動物門、その他実に様々な系統にまたがって「寄生虫」が存在し、さらには原生生物界のものも含むのだから、とにかく一言では言い尽くせないほど多様であることが分かるだろう。カッコウの托卵《たくらん》も寄生の一種として扱われることがあるが、カッコウは脊椎動物なので寄生「虫」には含まれない。

研究者も混乱するほど多様

それぞれの寄生虫は特徴的な形態を持つとともに、ユニークなライフサイクルを営む。蠕虫《ぜんちゅう》類であれば基本的には卵から幼虫が孵化《ふか》し、成虫となって産卵可能になるまでのライフサイクルを一周させないことには子孫を残すことができない。原生生物も同様に無性生殖あるいは有性生殖により次世代を残す必要がある。

ライフサイクルの特徴によって、宿主への侵入方法も多様である。寄生虫にとって、どうやって宿主の体内に侵入するかは非常に重要である。様々な方法を使って好適な宿主の好適な寄生部位にたどり着く。宿主の体表や体内で一生を過ごすものもあれば、ライフサイクルの一時期は外界で自由生活を営むものもある。宿主として利用する動物を厳密に決めていることも多く、これを宿主特異性《しゅくしゅとくいせい》という。

宿主特異性の程度は寄生虫種によって異なり、一つの動物種に限定しているものもあれば、哺乳類なら何でも構わない、といった寛容なものもある。また、寄生虫によっては成虫の時期に寄生する宿主と幼虫の時期に寄生する宿主が異なる場合がある。成虫が寄生して有性生殖を行う宿主を終宿主《しゅうしゅくしゅ》、幼虫が寄生して発育する宿主を中間宿主《ちゅうかんしゅくしゅ》という。

中間宿主を利用する寄生虫においては、中間宿主と終宿主を必ず順番で経由する必要があり、中間宿主から中間宿主、あるいは終宿主から終宿主という経路では子孫を残せない。

ここではいくつかの門に属する寄生虫について例を挙げ、そのライフサイクルとともに紹介するが、これらはほんの一部にすぎない。ここに挙げたもの以外にも、ハリガネムシが属する類線形動物門《るいせんけいどうぶつもん》、ヒル類を含む環形動物門《かんけいどうぶつもん》などに寄生虫が存在する。

また、同じ仲間に属していても、寄生虫のライフサイクルは種によって異なるため一概には説明しきれず、「〇〇類の基本的なライフサイクルはこれだ」と言うことさえできない。多様すぎるのである。そのため、いつも「この寄生虫はこの後どの宿主にどうやって侵入し、どんなステージに発育するんだっけ？」と混乱する日々である（すぐ忘れる）。研究者でもそのような状態なので（私だけかもしれないが）、医学部や獣医学部の学生がそれぞれの寄生虫の中間宿主やステージ名（この章に出てくるスポロシスト、プレロセルコイド、オーシストなどのおかしな用語）を暗記しているのを見ると少しかわいそうである。

本書を読んでくださっているみなさんには「そんなステージがあるんだな」と思う程度で構わないので、寄生虫のライフサイクルについて少しでも知っていただければうれしい。

ファンが多いフタゴムシ

寄生虫のうち、多細胞からなるものを「蠕虫《ぜんちゅう》」と呼ぶ（ただし節足動物は含まない）。扁形《へんけい》動物門、線形《せんけい》動物門、鉤頭《こうとう》動物門、環形《かんけい》動物門などに属する寄生虫がこれにあたり、言葉から連想されるとおりニョロニョロしたものが多い。私は寄生虫の中でも蠕虫を扱うことが多いのだが、中でも扁形動物（特に吸虫《きゅうちゅう》）と鉤頭動物はお気に入りである。したがって、本書では吸虫と鉤頭虫が登場する割合が高いが、完全に私の個人的なひいきである。すみません。

扁形動物門に属する生物には自由生活性のものと寄生生活性のものがあり、前者で有名なのはプラナリア（有棒状体綱三岐腸目《ゆうぼうじょうたいこうさんきちょうもく》）の仲間である。体を切断しても再生する能力はよく知られている。たまに野外で見かけるコウガイビルもプラナリアと同じ三岐腸目に属する。

扁形動物の中で寄生性のものは単生類《たんせい》（単生綱）、吸虫類（吸虫綱）および条虫類《じょうちゅう》（条虫綱）に属するものである。これらは宿主の体にひっつく必要があるため、吸盤《きゅうばん》や鉤《かぎ》などの固着器官《こちゃく》を持つことが多い。

単生類はほとんどが魚類や両生類を宿主とし、中間宿主を利用しない。魚類のエラや体

[図 4] ウグイのエラから採取したフタゴムシ科の単生類。ウグイフタゴムシだろうか。この蝶のような形は 2 個体がクロスして融合した結果である。

表に寄生するものが多く、魚に病害を与えるものも存在する。そのため、水産学、魚病《ぎょびょう》学の分野では重要視されている。

単生類のライフサイクルはシンプルで、虫卵《ちゅうらん》から孵化した幼虫が直接宿主に寄生し、成虫になるというものである。多くの種はエラや体表で成虫になるため、産み落とされた虫卵はそのまま水中に拡散する。単生類は体の後部に固着器官（後《こう》固着盤）を持つことが多い。後固着盤は吸盤状だったり、鉤がついていたり様々である。

単生類のなかで最もよく知られているのはフタゴムシの仲間であろう［図4］。公益財団法人目黒《めぐろ》寄生虫館（東京都目黒区）の創設者である亀谷了《かめがいさとる》先生が熱心に研究され、寄生虫館のシンボルマークにもなっている。

二個体が重なった蝶《ちょう》のような姿から「フタゴ」の名を持ち、その愛らしさにファンも多い。フタゴムシはフナに寄生するエウディプロゾーン・ニッポニクムという種を指す。フタゴムシはコイやフナのエラに寄生するとされてきたのだが、近年、コイに寄生するものは別の種であることが明らかとなり、コイフタゴムシ（エウディプロゾーン・カメガイイ、種小名は亀谷先生に献名されたものである）と名付けられた。また、ウグイ類に寄生するものはウグイフタゴムシである可能性が高いが、ウグイフタゴムシは他のコイ科を宿主とすることもある。

フタゴムシ科の単生類は二個体がクロスした状態で合体し成虫になるため、全て「フタゴ」状であり、私はコイにいるものもウグイにいるものも「フタゴムシ」と呼んでしまうのだが、それは誤りである（私は単生類に詳しくない）。

例外が多い吸虫類

吸虫類は単生類に比べて複雑なライフサイクルを持つ。すなわち、成虫ステージを過ごす終宿主に加え、幼虫ステージの発育のための中間宿主を必要とする。

一般的に吸虫類は二つの中間宿主（第一および第二中間宿主）を必要とし、これらを経たのちに終宿主に寄生しなければならない（三宿主性《さんしゅくしゅせい》）。終宿主の体内で成虫となり、有性生殖を行って次世代の個体を残すことができる。

吸虫類の成虫は二つの吸盤（口《こう》吸盤と腹《ふく》吸盤）を持っていることが多く、これを使って宿主の組織に固着する。口吸盤は消化管とつながっており、ここから有機物を取り込み消化する。ほとんどの吸虫類は雌雄同体《しゆうどうたい》で、一つの個体に精巣と卵巣が存在し、他の個体と精子を交換することができる。

「一般的には」「多くは」「ほとんどは」と煮え切らない表現が多いのは、例外が多いからである。少数派ではあるが、一宿主性や二宿主性のもの、吸盤を持たないものや一つしか

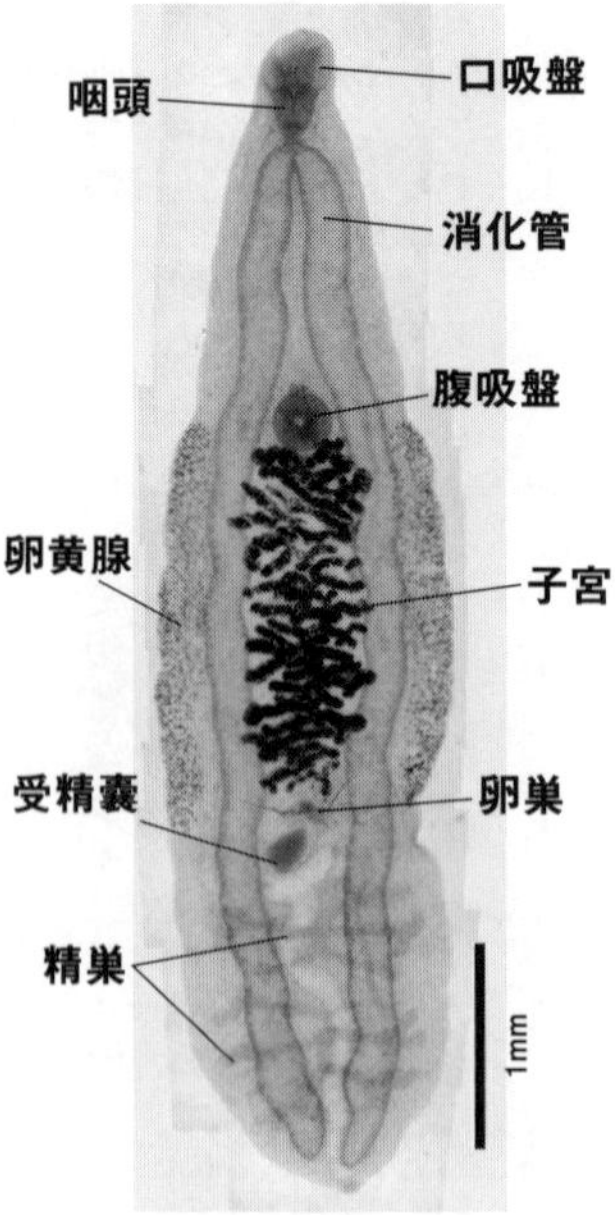

[図 5] 肝吸虫成虫（酢酸カーミン染色）。体の前端に口吸盤、前方 1/3 ほどに腹吸盤がある。口吸盤に続いて咽頭があり、そこからつながる消化管は二股に分かれる。体の中央あたりに存在する黒い点が密集した枝のような形の器官が子宮（黒い点は虫卵）である。体の下方に存在し、目をこらすと見えるうっすら染まった枝状の器官は精巣である。この吸虫は陰茎を持たない。

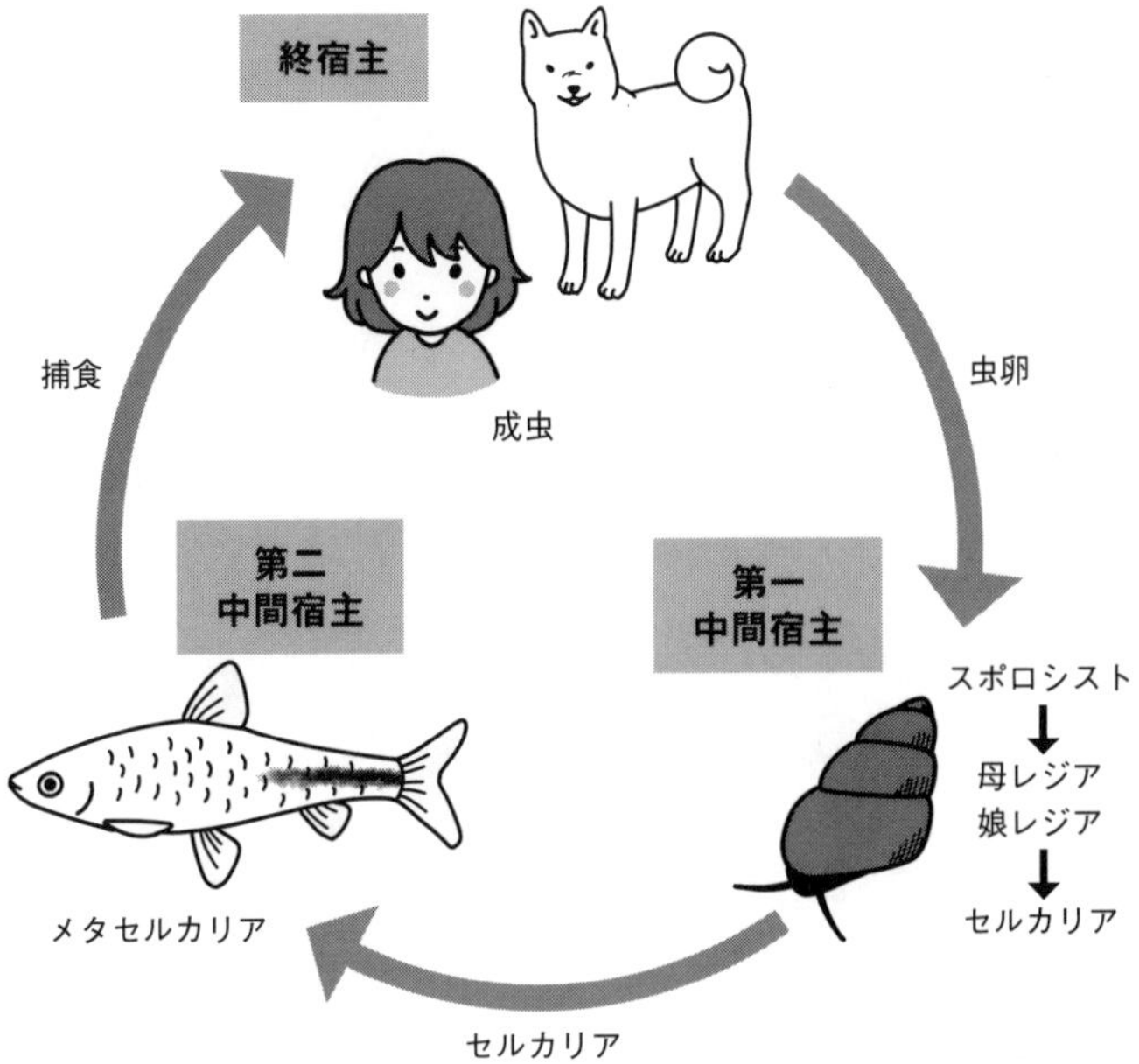

[図6] 肝吸虫のライフサイクル。虫卵を取り込んだ第一中間宿主（マメタニシ）体内でスポロシストと呼ばれる袋のようなものを形成し、その中に多数のレジア幼虫ができる。レジアの中にはさらにレジアができるので、それぞれ母レジアと娘レジアと呼ばれる。娘レジアの中に多数のセルカリアができる。マメタニシから遊出したセルカリアは第二中間宿主（コイ科魚類）に侵入し、筋肉などでメタセルカリアとなる。終宿主（イヌ、ネコ、ヒトなどの哺乳類）はメタセルカリアを保有する淡水魚を生食することで感染する。入れ子状になっているスポロシスト、母レジア、娘レジアというステージに理解がなかなか追いつかないが、大雑把に言えば「貝の体内でできるだけ無性的に増えておくことで、大量のセルカリアを生産し、中間宿主の感染率を上げ、終宿主まで到達する可能性を高める」ということだ。

ないもの、雌雄異体《いたい》のものなど、例外を数えればきりがなく、一般化するのは難しい。

図5は肝吸虫《かんきゅうちゅう》の成虫である。二つの吸盤を持っており、体の前端にある口吸盤から消化管が伸び、二股に分かれる。卵巣は体の中央に控えめに存在するが、枝状に分岐した精巣が本種の特徴である。第一中間宿主はマメタニシ、第二中間宿主はコイ科の淡水魚、そして終宿主はヒトを含む哺乳類という三宿主性のライフサイクルを持つ［図6］。

虫卵を取り込んだマメタニシの体内で幼虫が孵化し、驚くべきことに無性生殖を開始する（吸虫類では一般的である）。一つの卵から孵化した幼虫（ミラシジウム）が細胞分裂を行い、袋状に発育（スポロシスト）して内部に幼虫（レジア）をたくさん作る。さらにその幼虫の中に終宿主への感染性を持つ幼虫（セルカリア）が無数にできる。

セルカリアはオタマジャクシのような尾を持ち泳ぐことができる。マメタニシから脱出した無数のセルカリアは泳いで次の宿主である淡水魚に到達し、その筋肉で被嚢《ひのう》、つまりカプセルを作ってメタセルカリアとなり休眠し、終宿主に食べられるのを待つ。

ここからは運任せである。好適な宿主である哺乳類が食べてくれれば無事成虫になれる。しかし、その他の動物に食べられてしまったり、念入りに加熱調理されてしまうとそこで寄生虫の命は尽きる。それを前提として、無性生殖により大量のセルカリアが産生され、放たれているのだろう。無事に成虫になれるのは奇跡的な確率に違いない。

二個体が一緒に寄生

吸虫類は三宿主性であることが多いが、例外が存在することはすでに述べた。その例外の代表が日本住血吸虫《にほんじゅうけつきゅうちゅう》で、二宿主性である。しかも、雌雄同体が一般的な吸虫の世界では珍しく、成虫が雌雄異体である［図7］。この吸虫の終宿主はヒトを含む哺乳類で、中間宿主は淡水に生息するミヤイリガイという小さな巻貝である。

虫卵は水中で孵化して小さな幼虫（ミラシジウム）が遊出《ゆうしゅつ》し、これがミヤイリガイに取り込まれると無性生殖によりスポロシストとなり、さらに内部に娘《むすめ》スポロシストができる（スポロシストは口や消化管を持たず、レジアとは区別される）。その内部には例によって無数のセルカリアが作られるが、尾が二股に分かれている（岐尾《きび》セルカリア）。第二中間宿主は存在せず、セルカリアが終宿主に直接侵入する［図8］。

セルカリアは水場に訪れた終宿主（ヒトを含む哺乳類）に経皮《けいひ》的に侵入し、血管に到達して成虫となる。雌雄異体だが、雄《おす》が雌《めす》を抱きかかえるようにして二個体一緒に寄生する。成虫が好むのは肝臓《かんぞう》と腸管の間をつなぐ血管であり、ここで大量に産み出された虫卵は肝臓あるいは腸管の組織で結節《けっせつ》を作る。虫卵に対する炎症反応によりボロボロになった組織は虫卵とともに崩壊し（虫卵は殻で守られダメージを受けない）、これが腸から外界に排泄《はいせつ》さ

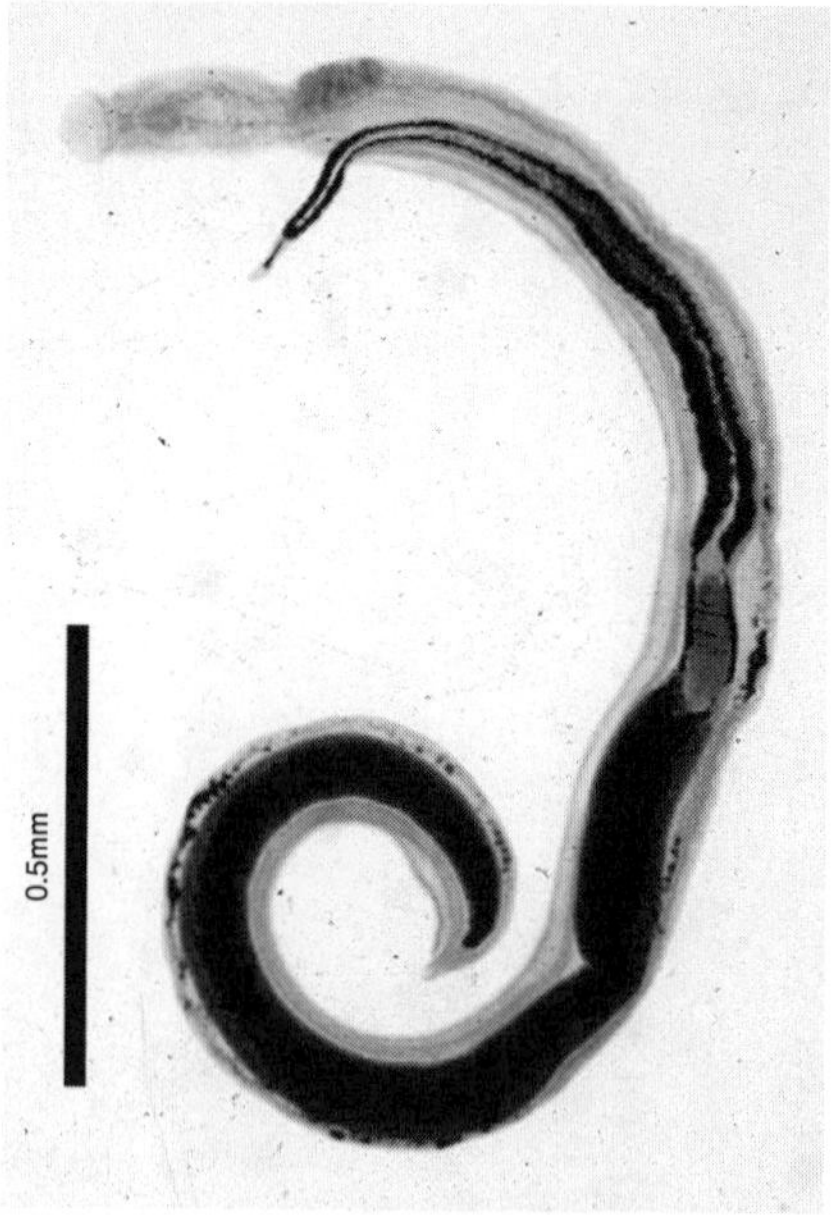

[図 7] 日本住血吸虫成虫（酢酸カーミン染色)。雌雄異体。雄が雌を抱きかかえた状態で血管内に寄生する。内側の黒っぽい色をした虫体が雌で、産卵のための栄養源として血液を取り込んでいるため消化管が黒く見える。

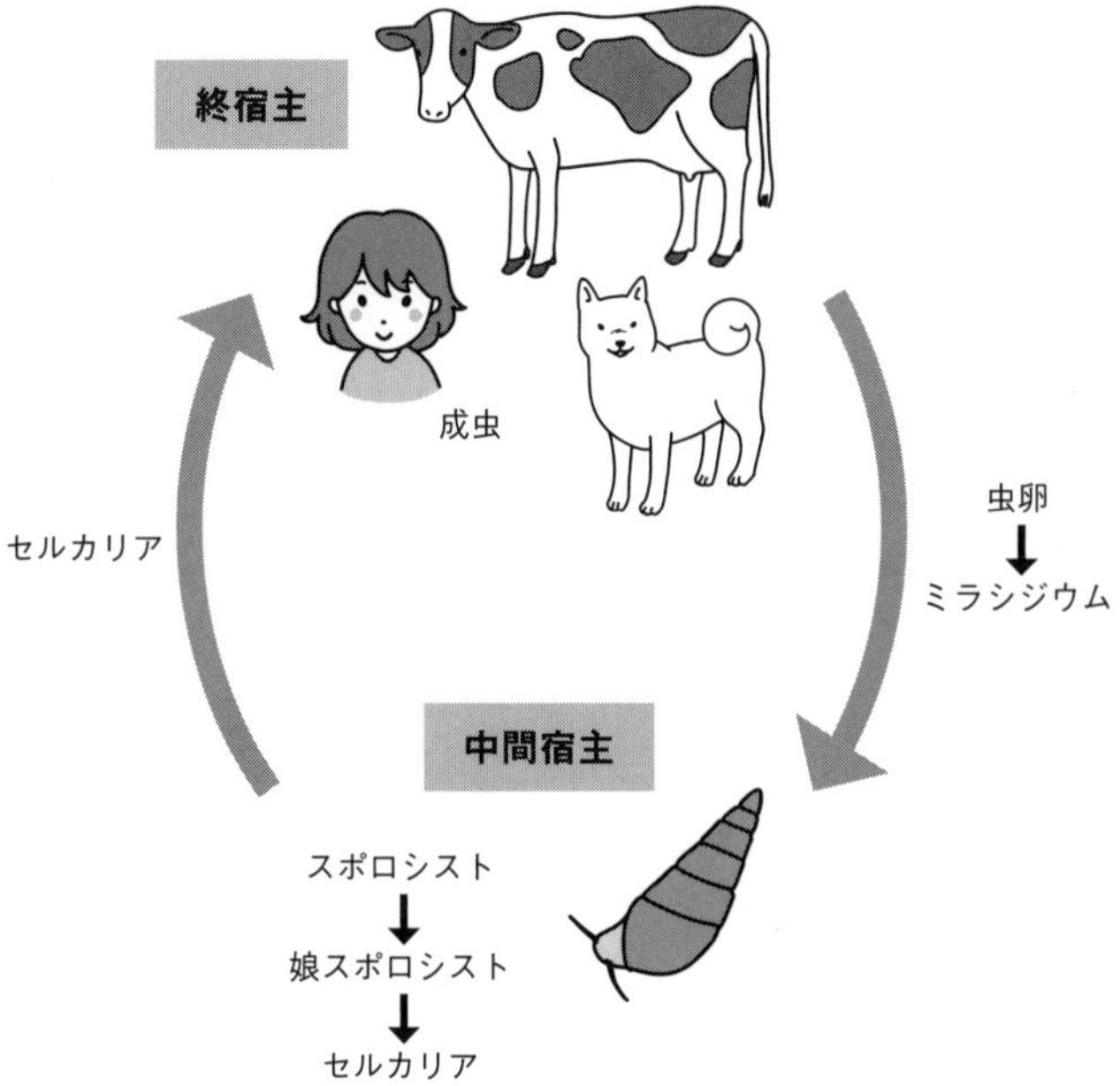

[図 8] 日本住血吸虫のライフサイクル。中間宿主（ミヤイリガイ）体内ではレジアを作らず、スポロシスト内に娘スポロシストを作り、その中に尾が二股に分かれたセルカリア（岐尾セルカリア）ができる。ミヤイリガイから遊出したセルカリアは終宿主（ヒトを含む哺乳類）に経皮的に侵入する。宿主を減らし短縮化したライフサイクルである。[図 6] と比較してほしい。

れる。川で排泄をすれば虫卵が拡散し、再びミヤイリガイに感染する。

日本住血吸虫のライフサイクルは、もともと三宿主性だった祖先において終宿主が失われ、中間宿主体内で成虫まで発育できるようになったと考えられている。吸虫類においてライフサイクルの短縮は独立して何度も起こったとされており、他にも二宿主性あるいは一宿主性のものが存在する。

日本住血吸虫症は虫卵周囲の炎症に起因する肝《かん》障害、さらには肝硬変《かんこうへん》へ発展する感染症である。古くから山梨県をはじめとした複数の流行地が見られたが、ミヤイリガイの駆除や環境の整備により日本における本感染症は根絶された。ただし、東南アジアなどでは未だ流行が見られるため、素足のまま川に入らないほうがよい。

ちなみに、鳥類を終宿主とする住血吸虫科の吸虫は日本にも普通に分布している。その辺のため池でも岐尾《きび》セルカリアが泳いでおり、素足で入るとセルカリアが侵入してセルカリア性皮膚《ひふ》炎を生じる可能性がある（ヒトの体内では成虫になれない）。田植えなどの作業を行った後に手足に痒《かゆ》みや発疹《はっしん》が見られることから、水田《すいでん》皮膚炎とも呼ばれる。

ヒグマの肛門でゆれる条虫

条虫類はいわゆる「サナダムシ」と呼ばれる長い寄生虫である［図9］。目黒寄生虫館に展示されている九メートル近くになる日本海裂頭条虫《にほんかいれっとうじょうちゅう》成虫《せいちゅう》の標本をご覧になったことのある方も多いだろう（まだの方は急いで行ってほしい）。

長い体は片節《へんせつ》と呼ばれるたくさんの節《ふし》からなる。一番頭側の節は頭節《とうせつ》と呼ばれ、宿主組織に固着するための吸溝《きゅうこう》や吸盤を有している。頭節より下は全て生殖のための節である。一つの片節に雌雄両方の生殖器を備え、それぞれが独立して虫卵を産生する。孔《こう》から産卵するものもあれば、節ごとちぎれてしまうものもある。

いずれの場合でも、条虫類は終宿主の消化管に寄生することが多いため、虫卵は糞便《ふんべん》とともに外界に排出される。ところで、複数の片節を持つことが条虫の条件のように記してしまったが、ここにも例外があり、一つの節しかない条虫も存在する。私が実際に見たことがあるのはココノホシギンザメから得られたギロコチレ属の一種［図10］と、ウグイから得られた胡桃葉条虫目《くるみようじょうちゅうもく》の一種である。

片節が一つしかないのならば条虫ではなく吸虫ではないかと思われるかもしれないが、口はなく、条虫類の進化において初期に枝分かれした可能性が示唆《しさ》されている。ただし、片節が少ないものが祖先的な形質で、進化するにしたがって片節が多くなるというわけでもない。進化の過程で片節の数を減らし、三つ程度の片節からなる条虫が出現することもある。

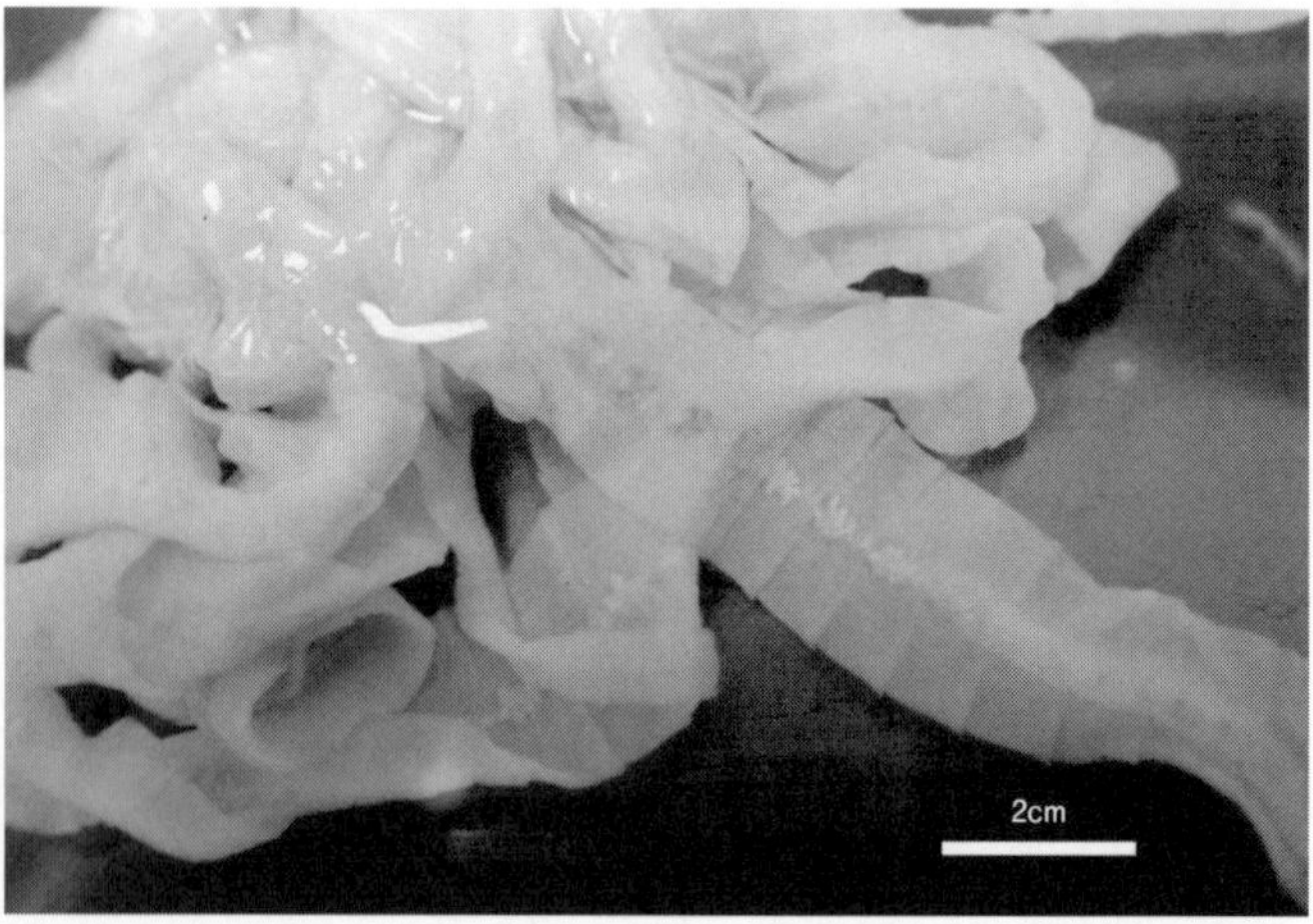

[図 9] 日本海裂頭条虫成虫。ぐちゃぐちゃに絡まっているが、伸ばせば数メートルになる。これで 1 個体である。

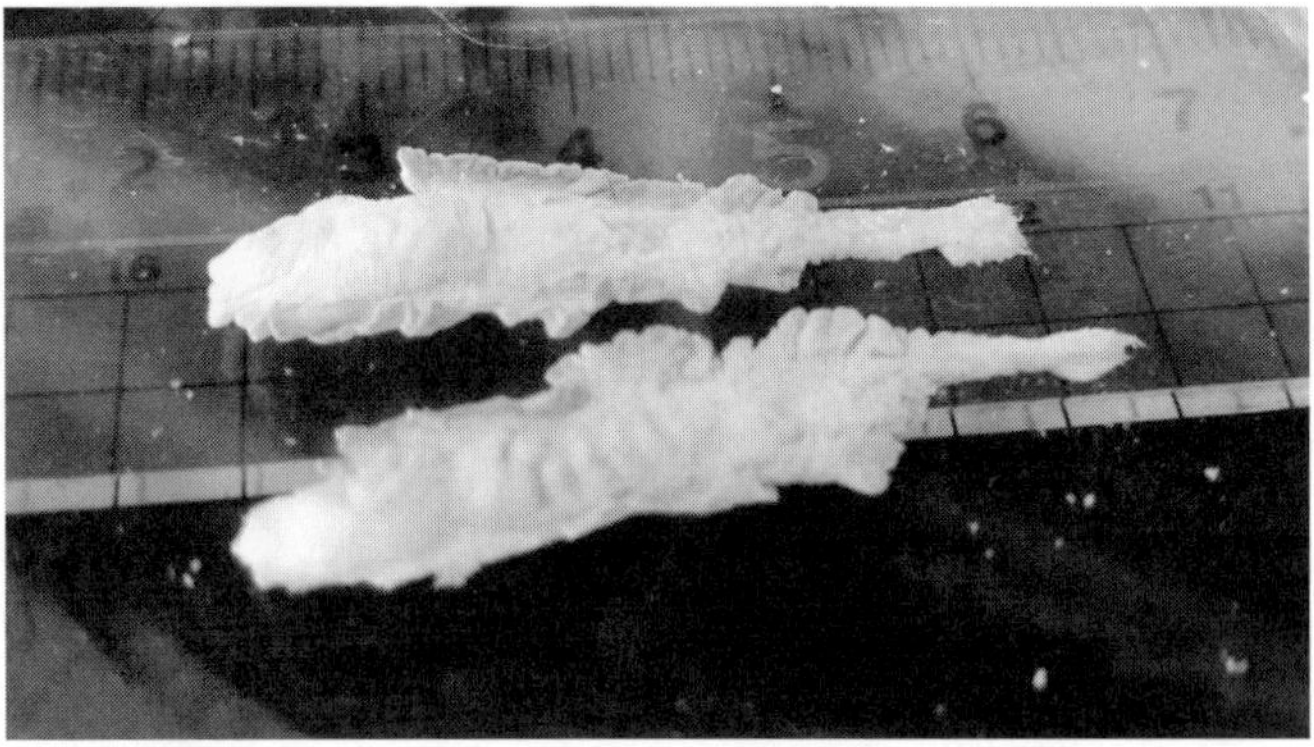

[図 10] ギロコチレ属の一種の成虫。エビフライのような形で、誰も条虫とは思わないだろう。雌雄同体だが、なぜか終宿主の消化管に成虫がペアで寄生していることが多く、このときも 2 個体得られた。

条虫類の多くはそのライフサイクルを完成させるために一つまたは二つの中間宿主と終宿主を利用する。日本海裂頭条虫は小さな甲殻《こうかく》類であるカイアシ類を第一中間宿主とする【図11】。水中で孵化した日本海裂頭条虫の幼虫（コラシジウム）がカイアシ類に摂取されると体内で発育し（プロセルコイド）、これを第二中間宿主であるサケ科魚類が捕食するとその筋肉の中で次のステージ（プレロセルコイド）となる。プレロセルコイドは長さ二〜三センチで柔らかく、魚の組織と見分けがつきにくい。もちろん加熱すれば死滅するが、ヒトも生食すれば感染の可能性がある。

日本海裂頭条虫の終宿主は長らく議論がなされてきたが、現在ではヒグマなどのサケ科魚類を食べる陸棲《りくせい》哺乳類と考えられている。北海道の知床《しれとこ》半島ではヒグマがサケを食べて感染し、肛門から長い紐《ひも》（日本海裂頭条虫成虫）をぶら下げて歩いている様子が目撃されることがある。

サケ科魚類がどこで感染するのか不明だが、大海を回遊したのち故郷の河川を遡上《そじょう》し、クマに食べられることでやっと成虫になるとは気の遠くなる話である。

終宿主の体に入る可能性を少しでも上げるため、食物連鎖《しょくもつれんさ》を利用する寄生虫は多い。肝吸虫や日本海裂頭条虫で見られるように魚を食べる動物が終宿主となる例は数えればきりがない。陸上でも同じように動物同士の捕食・被食の関係は寄生虫に利用されている。

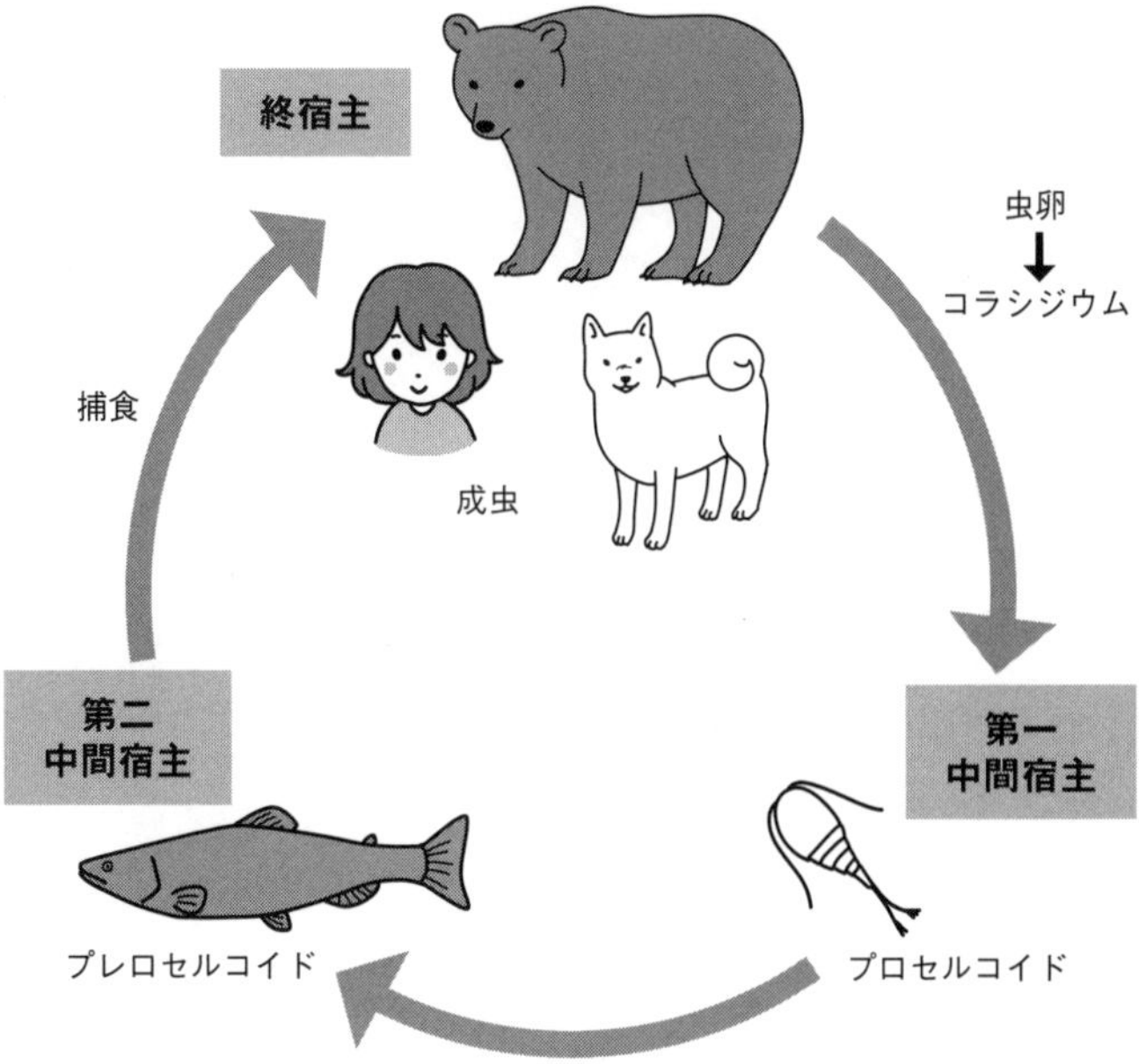

[図 11] 日本海裂頭条虫のライフサイクル。虫卵から孵化したコラシジウムと呼ばれる幼虫が第一中間宿主（カイアシ類）に取り込まれプロセルコイドとなる。プロセルコイドは白くてこれといった構造のない幼虫である。これが第二中間宿主（サクラマスなどサケ科魚類）に食べられると筋肉でプレロセルコイドとなる。プレロセルコイドもこれといって特徴のない白い物体である（吸溝はある)。これを生食した哺乳類の小腸できしめん状の長い成虫となる。

北海道でよく知られた感染症の原因、エキノコックス（多包条虫《たほう》）はエゾヤチネズミを中間宿主、イヌ科動物を終宿主とする。北海道のキツネは主食が野ネズミであり（都会で暮らしているキツネは生ゴミなんかも食べるが）、エゾヤチネズミは虫卵で汚染された地べたを走り回っているので、理にかなったライフサイクルと言える。エキノコックスが条虫だという事実に驚く方もいるかもしれないが、この寄生虫については第六章で詳しく説明する。

線虫を指先やピンセットでつまんでみれば

線形動物に属する動物を、自由生活性でも寄生生活性でも線虫《せんちゅう》と呼ぶ。実験動物として知られるカエノラブディティス・エレガンス（シー・エレガンスと呼ばれる）もその一つである。

寄生性の線虫としてはアニサキスや回虫《かいちゅう》などがよく知られている。スーパーで購入した魚からアニサキス幼虫が出てくることはよくあるし、うっかり食べてしまって激しい胃痛に襲われた経験のある方もいるかもしれない。魚といえばアニサキスを思い浮かべるが、あれは魚の消化管の外側や体腔《たいくう》に寄生している幼虫ステージである（アニサキス属線虫については第五章で述べる）。

消化管の内側には、名もなき（いや、名はあるが私が知らないだけである）線虫の成虫たちがうごめいている。消化管を開いて中を確認する人などめったにいないので、そのまま生ゴミに捨てられている。魚に限らず、とにかく線虫は多様だ。

線虫は想像通り乳白色の長い体をしていることが多い［図12］。髪の毛よりも細いものから、ハサミとピンセットを使って解剖できるものまで、大きさは様々だ。体表は厚いクチクラで覆われている。

いろいろな寄生虫を指先やピンセットでつまんでみれば分かるが、吸虫や条虫は柔らかで傷つきやすいのに対し、線虫の体表は硬い。線虫は口を持っているが吸盤などの固着器官は持たないのが一般的である。ただし、口器《こうき》に鋭い歯を持つことがある。雌雄異体で交尾ののち雌は産卵する。ときに仔虫《しちゅう》を産出するものもある。

寄生虫の中で最もシンプルなライフサイクルは虫卵が経口《けいこう》的に宿主に摂取され、そのまま消化管で成虫になることである。蟯虫《ぎょうちゅう》がその代表である。ヒトがヒト蟯虫の虫卵を摂取するとその腸管で孵化し、盲腸において成虫となる。雌の成虫が夜間に肛門に移動し、肛門周囲に大量の虫卵を産む。ちなみに、ヒト蟯虫の雌成虫は体長一センチ前後と小型で、肛門あたりまで出てきてもムズムズするか痒い程度だと思うので安心してほしい。

肛門周囲の虫卵を検出するため、蟯虫検査では肛門にテープを当てて採取する方法が使われる。寝ている間に痒みを感じて無意識に肛門を触ってしまえば、手に虫卵がたくさん付着する。翌朝ドアノブを握ってリビングに入り食卓につけば、すでに家族が共有するいろいろな場所が虫卵で汚染されていることになる。つまりこの感染経路は、住居をともにするファミリーで暮らす動物を宿主とする際に有利なのだろう。

同様に虫卵の経口摂取により感染が成立するヒト回虫の場合、排泄された虫卵は外界で発育し内部に幼虫ができる。これを摂取することにより感染するため、屋外で排泄したり、人糞《じんぷん》を肥料として利用していた時代にはさぞかしヒト回虫が繁栄していたことだろう。

回虫卵が宿主に経口的に取り込まれ、腸で孵化すると、幼虫は血管を通って肝臓、さらに心臓、肺と発育しながら体内を巡《めぐ》り、最終的に気道をのぼって再び嚥下《えんか》され、小腸でやっと成虫になる。なぜわざわざ宿主の体内を動き回るのかは分からない。

犬回虫はヒトを好適な宿主としないが、ヒトが偶然虫卵を取り込んで感染した場合、成虫になれないが体の中を動き回って害を及ぼす（幼虫移行症）。眼に侵入して失明させるなど重篤な病害が生じるため注意が必要である。

経口ではなく経皮的に宿主に侵入するものも存在する。鉤虫《こうちゅう》の仲間の多くは外界で孵化し、幼虫が皮膚《ひふ》から侵入することで感染が成立する。その後、血管を通って肺、気管をの

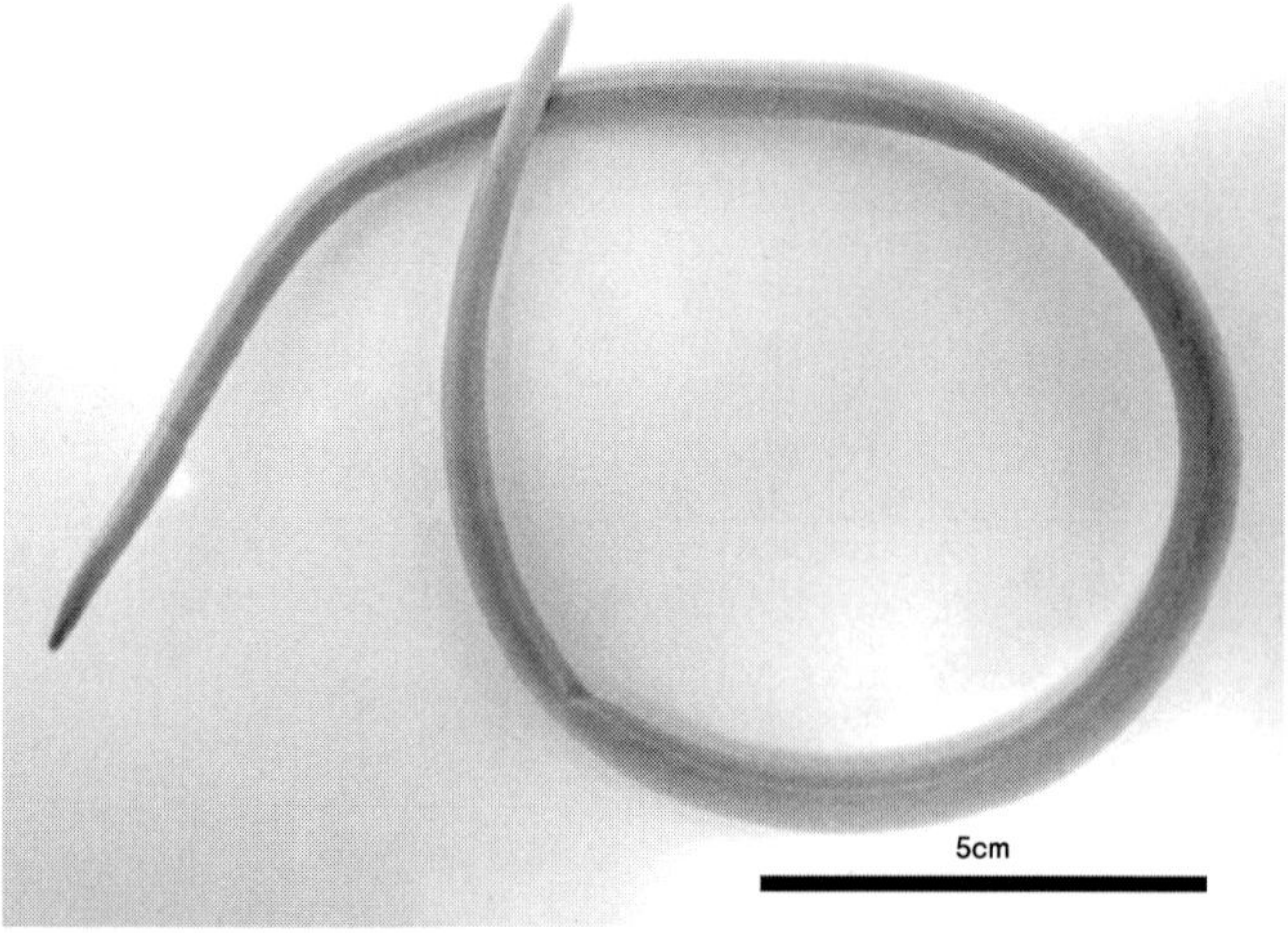

[図 12] 豚回虫成虫（雌)。これぞ寄生虫、といった堂々たる姿である。線虫はクチクラを持つので、触れた感じは条虫や吸虫と比べると硬い。

ぼって再度飲み込まれ、腸管で成虫となる（このあたりの体内移行は回虫に似ている）。

節足動物を中間宿主とする線虫も存在する。イヌのフィラリア症（犬糸状虫症《いぬしじょうちゅう》）の原因となる犬糸状虫の成虫は、イヌの右心室《うしんしつ》や肺動脈で虫卵ではなく仔虫（ミクロフィラリア）を産む。ミクロフィラリアは血液中に現れるため、吸血とともに蚊《か》に取り込まれる。蚊の体内では幼虫が発育してイヌへの感染性を持つ第三期幼虫まで発育し、他のイヌを吸血するときに感染せしめる［図13］。

かつては犬糸状虫の寄生により命を落とすイヌが多かった。しかし現在では、予防薬の開発、普及により罹患《りかん》率は低下し、イヌの平均寿命も大幅に延びた。

日本には存在しないので馴染《なじ》みがないかもしれないが、ヒトにもフィラリア症は存在する。バンクロフト糸状虫やマレー糸状虫の成虫はリンパ管に寄生するため、リンパ浮腫や陰嚢《いんのう》水腫などを引き起こす。前者はアフリカやアジアの亜熱帯地域、後者は東南アジアなどに分布し、かつては日本でも九州などで患者が発生していた。また、アフリカに分布する回旋糸状虫《かいせんしじょうちゅう》はオンコセルカ症（河川盲目症）の原因となり、皮膚の結節や、眼に侵入することに起因する失明を引き起こす。バンクロフト糸状虫やマレー糸状虫は蚊、回旋糸状虫はブユが中間宿主となる。

二〇一五年にノーベル生理学・医学賞を受賞した大村智《おおむらさとし》博士が発見したイベルメクチ

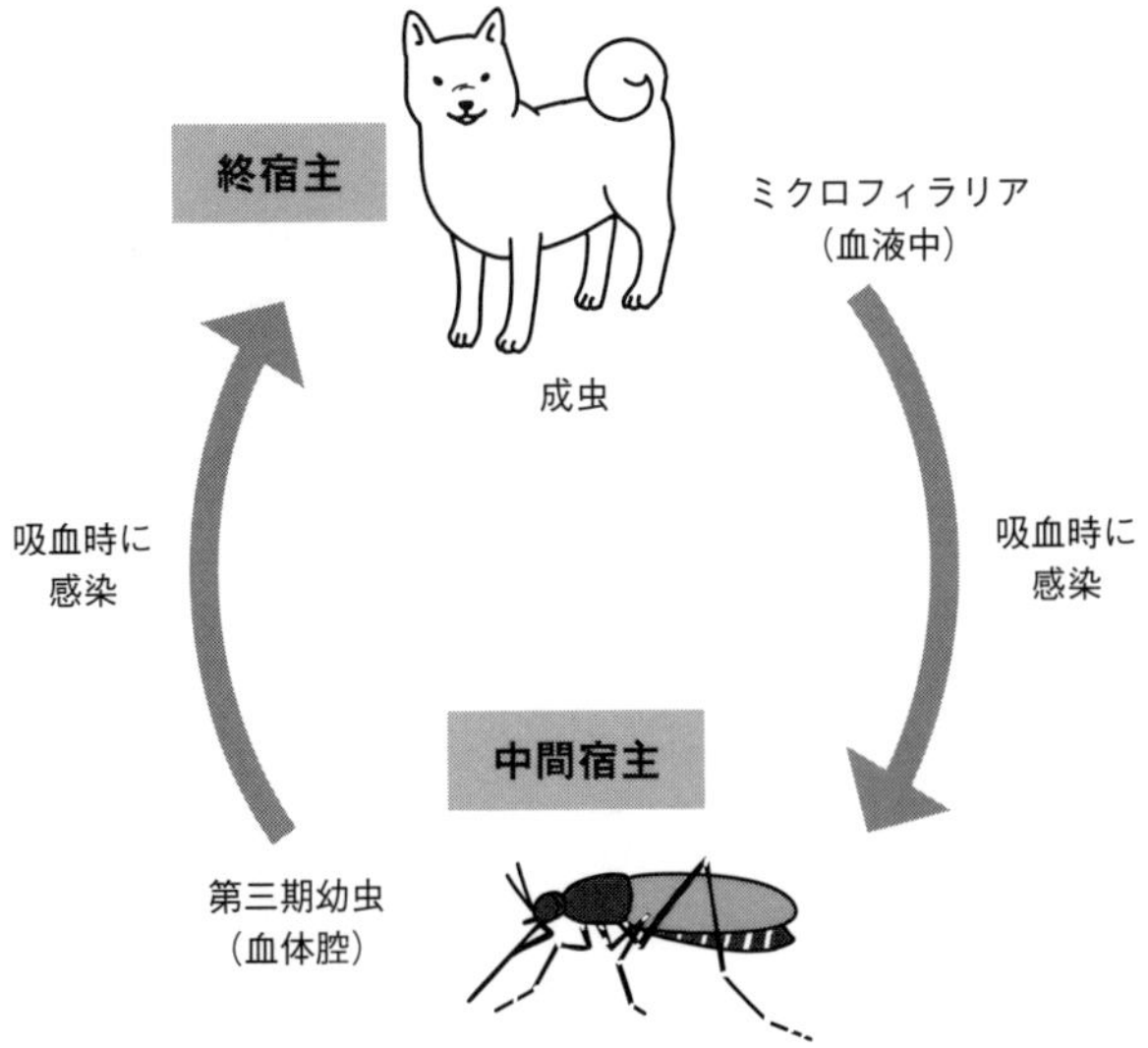

[図 13] 犬糸状虫のライフサイクル。成虫はイヌの右心室や肺動脈でミクロフィラリアを産む。ミクロフィラリアは末梢血に現れ、蚊（トウゴウヤブカなど）が吸血する際に取り込まれる。幼虫は蚊の体内で発育し、血体腔（昆虫類は開放血管系で、原体腔が体液で満たされているためこう呼ぶ）で第三期幼虫として感染を待つ。吸血時に蚊の吻からこぼれ落ちた第三期幼虫が刺し口から終宿主へ侵入する（チューッと注入されるわけではない）。

ンは線虫類に対して絶大な効果を示し、フィラリア症から多くの人を救った。イヌの寿命も延びた。家畜における消化管内寄生線虫類の駆虫にも使われている。たとえ自分自身は線虫に感染したことがなくても、イベルメクチンの恩恵を受けているのである。

教科書にはほとんど載っていない鉤頭虫

鉤頭動物門に属する動物は全て寄生性であり、鉤頭虫《こうとうちゅう》と呼ばれる。鉤頭虫はヒトに害を与えるものがほぼないので寄生虫学の教科書にはほとんど載っていないが、私のおすすめの蠕虫なので一般向けイベントなどで積極的にアピールすることにしている。

鉤頭虫の特徴はやはり何といってもその名のとおり頭側にある鉤《かぎ》である。鉤頭虫の体はバナナのような胴部に吻部《ふんぶ》がついた形をしている［図14］。この吻部を顕微鏡で見ると小さな鉤が整然と並んでおり、装飾品のような美しさがある。この鉤の列数と一列当たりの本数、鉤の大きさや形は種の同定の重要な鍵《かぎ》となる。鉤の数と種同定については、第五章で詳しく述べる。

鉤頭虫は雌雄異体で、交尾後に雄が雌の生殖器にセメント様物質で栓《せん》をする。これにより他の雄の精子を受け入れないよう防いでいると考えられる。ヒメギフチョウの交尾栓とよく似ている。こんなにもかけ離れた動物同士が雌を独り占めしようという魂胆で同じ工

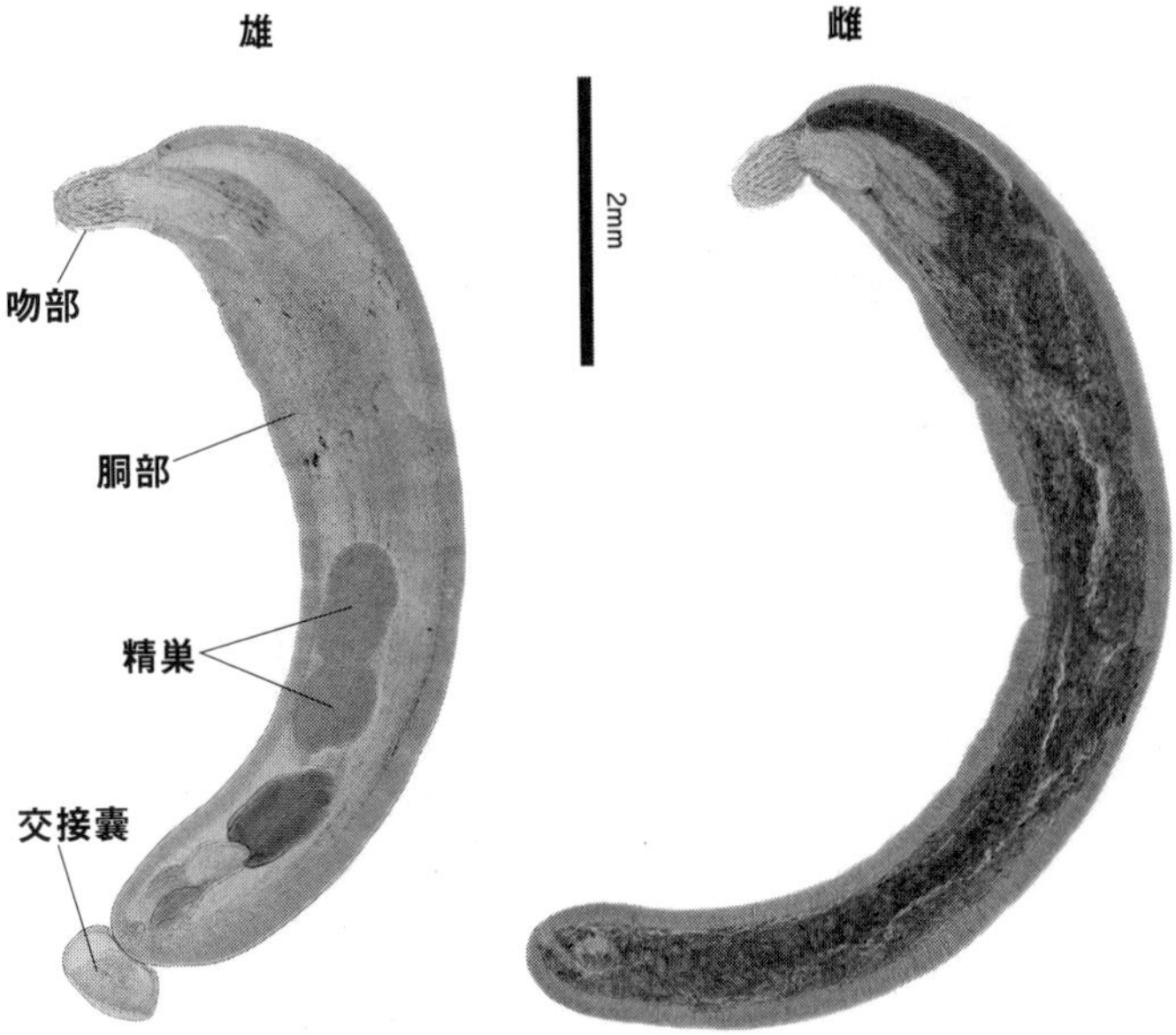

[図 14] エゾカエル鉤頭虫成虫。雄には二つの精巣がある。また、尾端に交接嚢を持ち、これが外翻して雌の生殖孔を覆い、精子を送り込む。雌は偽体腔に浮遊卵巣と呼ばれる遊離した多数の卵巣を持つ。したがって、雌の偽体腔は最終的に虫卵で充満する。

夫をしているのだ。

鉤頭虫が利用する中間宿主は水棲《すいせい》あるいは陸棲の端脚《たんきゃく》類、等脚《とうきゃく》類、昆虫類などの節足動物である。北海道のエゾアカガエルを終宿主とするエゾカエル鉤頭虫（シュードアカントセファルス・トシマイ）［図14］は陸棲《りくせい》の等脚《とうきゃく》類であるヒメフナムシを中間宿主とする。この種小名は研究に協力してくれた高校の生物部の顧問の先生に献名されたものだそうである。

カエルの糞便《ふんべん》に含まれるエゾカエル鉤頭虫の虫卵をヒメフナムシが摂取するとその体内で孵化し、終宿主への感染性を持つ幼虫（シスタカンス）まで発育する［図15］。シスタカンスはヒメフナムシの体長の七割くらいはあるのではないかという長さである［図16］。カエルはヒメフナムシを食べることで感染する。また、この寄生虫はヤマメなどの渓流《けいりゅう》魚の消化管でもしばしば見られることから、川に落ちたヒメフナムシが淡水魚のエサ資源になっていることが分かる。

なお、エゾカエル鉤頭虫は青森県においても分布が確認されている。一方、関東以南では形態のよく似たサトヤマ鉤頭虫が分布しており、両者の分布域の境界は北関東から東北あたりにあるらしい。

中間宿主以外に待機《たいき》宿主《しゅくしゅ》（延長中間宿主）を利用することもある。シスタカンスを保有する中間宿主を食べた動物の体内で、発育することなくそのままシスタカンスとして保持される場合である。トビやフクロウなどの猛禽《もうきん》類を終宿主とする鉤頭虫セントロリンクス・エロンガータスの中間宿主は陸棲の節足動物と考えられている（中間宿主は未だ明らかになっていない）［図17］。

フクロウがチビチビとしたワラジムシなど食べるのだろうか？　ライフサイクルがうまく完結するのか心配になるが、ここで登場する助っ人が待機宿主である。北海道ではトガリネズミの仲間が本種の待機宿主の役割を果たす。

トガリネズミは小さなモグラのような見た目の哺乳類で、昆虫やミミズ、ムカデなどを食べる。トガリネズミの腹腔《ふくこう》には繭《まゆ》のように膜に包まれたシスタカンスが寄生していることがある。これはおそらく中間宿主である節足動物を食べ、シスタカンスが腸壁を通過して腹腔に脱出し被嚢したものである。これを猛禽類が捕食すれば成虫になることができる。

猛禽類にとってのトガリネズミのように、待機宿主は終宿主が好んで食べる動物である。寄生虫は中間宿主の体内で発育しステージが変わるが、待機宿主の体内では発育せず、まさに待機するのみである。待機宿主はライフサイクルにおいて必須ではなく、スキップしても問題ないが、体内で幼虫を蓄積し、その寿命を延ばし、終宿主に摂取される確率を高める。

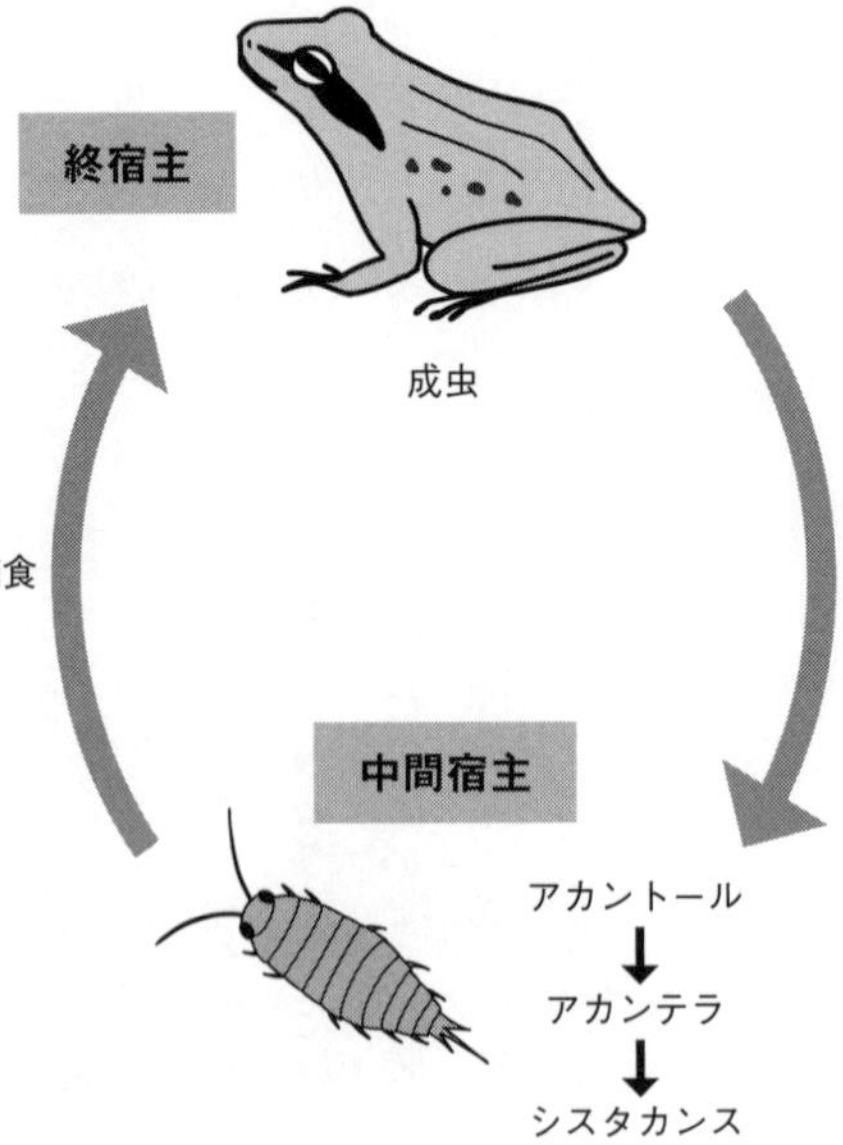

[図 15] エゾカエル鉤頭虫のライフサイクル。虫卵を取り込んだ中間宿主（ヒメフナムシ）の体内で終宿主（エゾアカガエル）への感染能を持つシスタカンスまで発育する。終宿主と中間宿主の捕食・被食の関係を利用するライフサイクルの王道である。ヒメフナムシは、海にいるフナムシと同じ等脚類だが、森林で暮らす陸上の動物である。

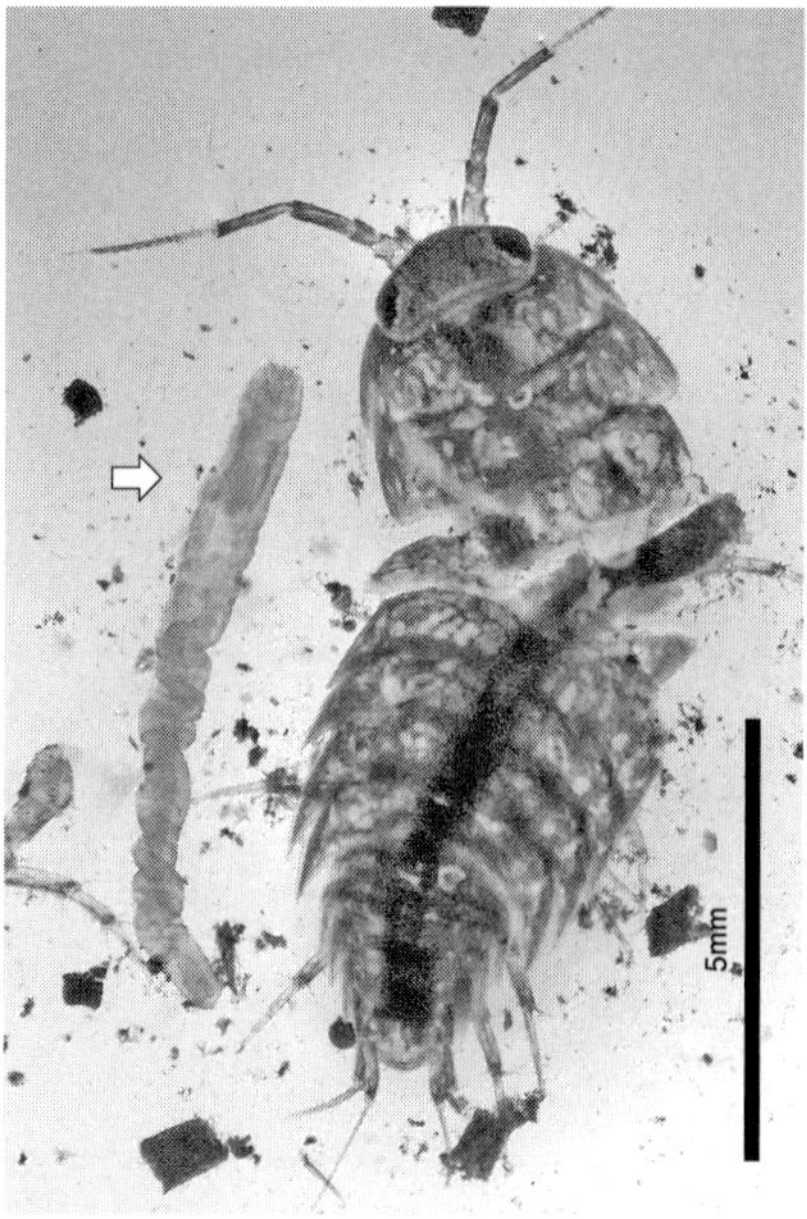

[図 16] ヒメフナムシから摘出したエゾカエル鉤頭虫のシスタカンス。宿主に対して寄生虫が大きすぎて驚く。

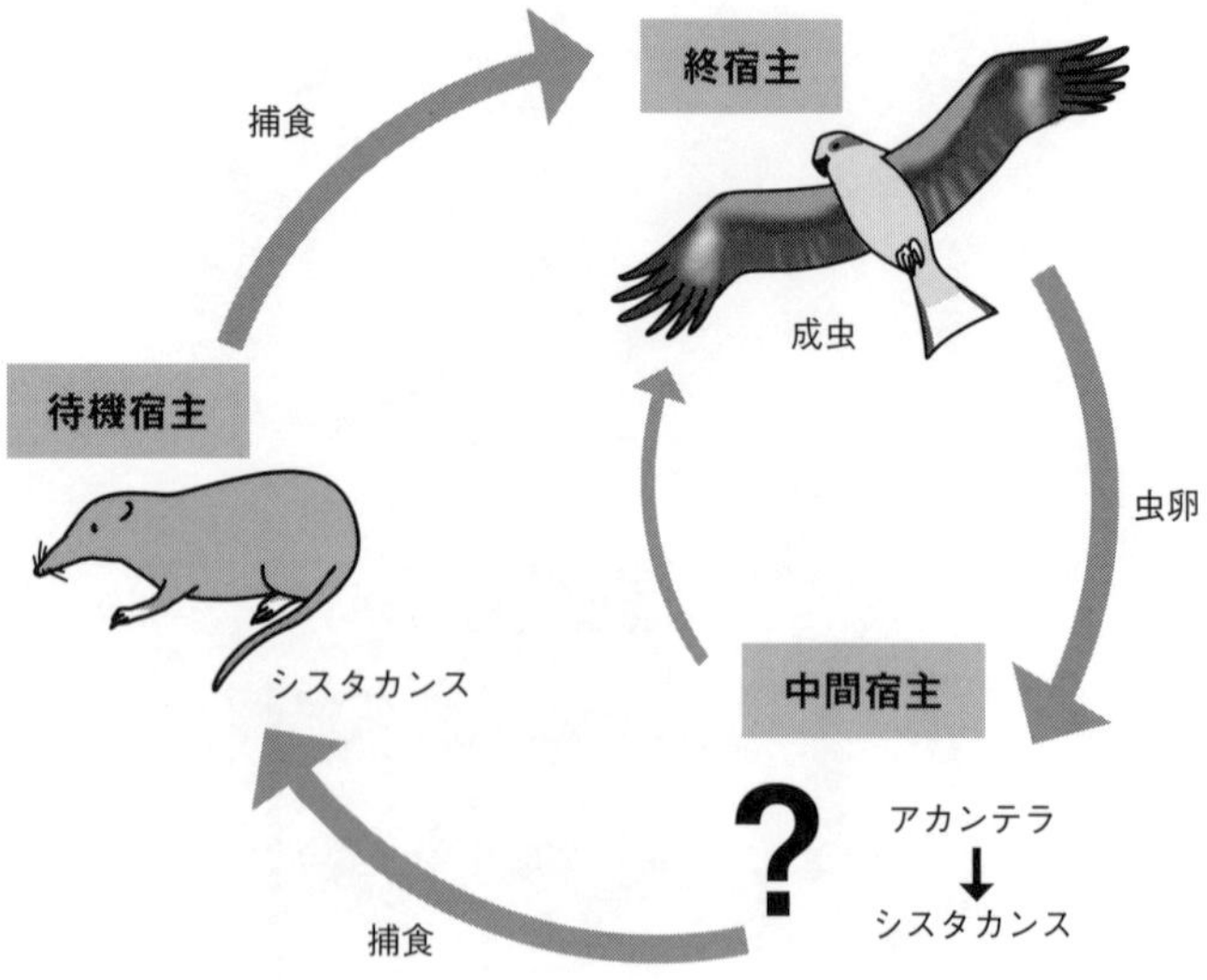

[図 17] セントロリンクス・エロンガータスのライフサイクル。中間宿主（陸棲節足動物と考えられている）の体内でシスタカンスまで発育し、成虫となる準備はできている。これに加え、中間宿主と終宿主（猛禽類）の間に待機宿主（トガリネズミ）が存在する。待機宿主はあってもなくてもいいが（細い矢印のように中間宿主が直接終宿主に食べられても成虫になることが可能)、本種の場合、終宿主へ到達するためにはトガリネズミの存在は重要である。

吸血する節足動物は厄介

ダニや蚊には誰しも一度は出会ったことがあると思う。体表に寄生したり、吸血する節足動物も寄生虫として扱う。これらの節足動物は、痛みや痒みをもたらす他にウイルスや細菌、原虫を媒介することがあるので厄介《やっかい》である。前述のとおり、フィラリア症は蚊やブユにより媒介される。また、赤血球に寄生するマラリア原虫も蚊がベクター（媒介者）となる。

私が大学時代に研究していたバベシア原虫もまた哺乳類の赤血球に寄生する原生生物であるが、これはマダニにより媒介される。家畜の血液では分裂増殖するにすぎないが（これにより貧血の原因となる）、マダニの体内では有性生殖を行う。機械的に血液を宿主から宿主に運んでいるだけではなく、バベシア原虫にとってマダニは重要な宿主なのである。

甲虫《こうちゅう》や蝶《ちょう》の美しさに魅了される方は多いと思うが、寄生性の節足動物の形態も個性的で美しいものである。鳥類の羽毛《うもう》に寄生する小さなダニ（ウモウダニの仲間）【図18】について調べている知り合いの研究者はしばしば、「この種のここがこうなっててカッコイイ」みたいなことを言う（研究者なんて所詮《しょせん》、昆虫採集に勤しむ小学生と何ら変わりない）。

ウモウダニには宿主特異性（この宿主がいい、これでなくてはダメだ、という宿主に対するこだわり）が強く、種によって宿主となる鳥の種あるいはグループが決まっているものが存在する。鳥類の種は多様で、日本だけでも六〇〇種以上が観察される。

ウモウダニは何種存在するのだろうか。それぞれの鳥種とともに進化したウモウダニが親から子へと受け継がれ、羽毛に挟まって空を飛び、羽毛の上で交尾、産卵する。なんとも優雅な生活である（不慮の事故で宿主が死んでしまえば、そこで途絶えてしまうが）。

しかし、宿主特異性が高いということはリスクを伴う。トキを宿主とするトキウモウダニは、日本におけるトキの個体群の消滅に伴い絶滅したと言われている。

宿主特異性が高くても、宿主が繁栄しており絶滅の心配がない動物であれば安泰である。ヒトの陰毛をおもな寄生部位とするケジラミは、乾燥に弱く、宿主から離れるとすぐに力尽きてしまう。しかし、陰毛という寄生部位がポイントであり、ヒトにとって重要な性行為が他の個体に乗り移るチャンスである。ヒト同士の性行為がなくなることはないだろうから、とてもよい生き方だと思う。将来的に、ヒトという種の存続が危ぶまれる状況になれば話は別だが。

序章で図1とともに紹介したウオノエの仲間やカイアシ類も節足動物である。ウオノエはスーパーで売られている魚でも発見できる。私はウオノエについてはあまり詳しくないのだが、姿がとてもよい寄生虫なので、標本として手元に置きたいと思い、いつも探して

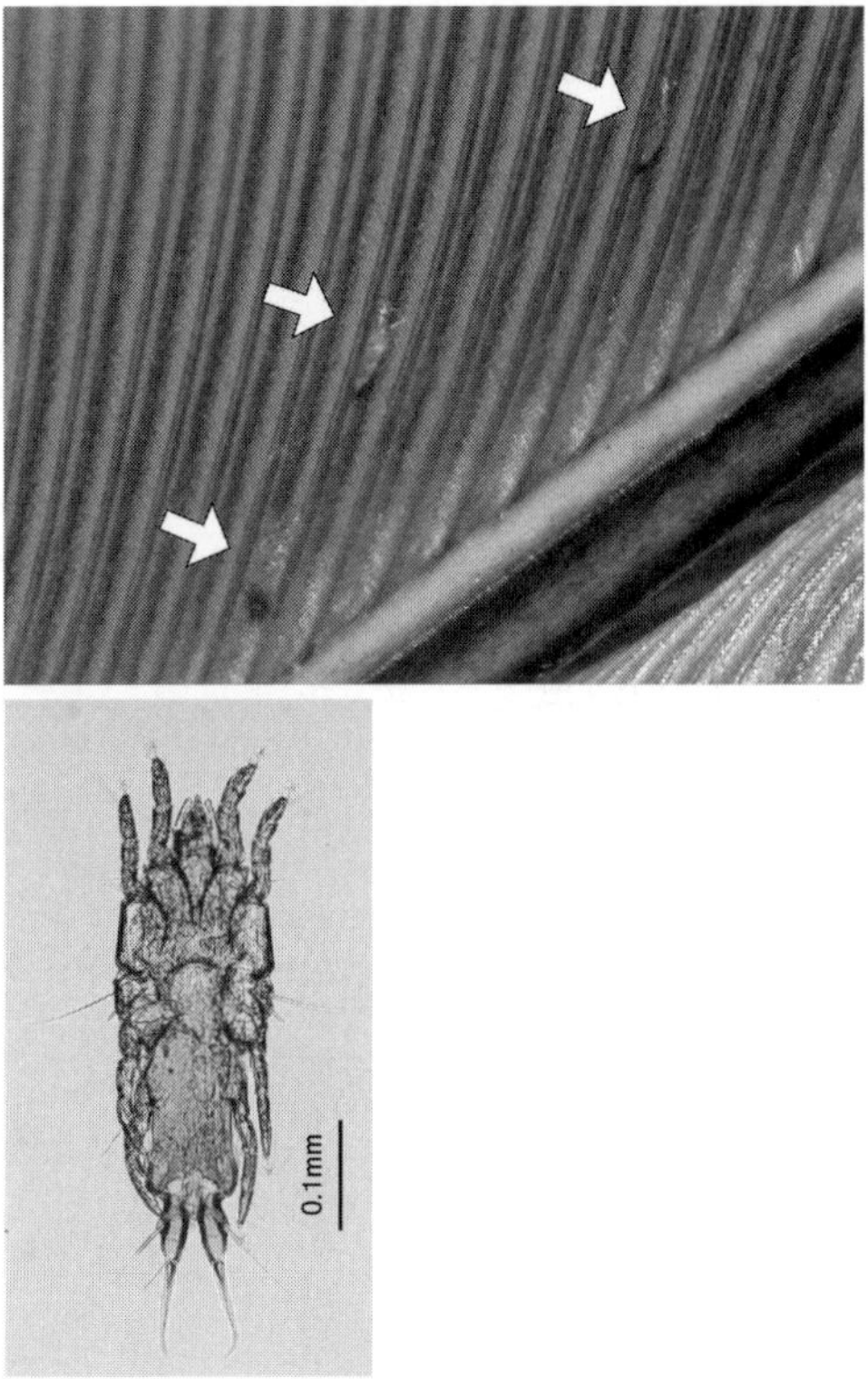

[図 18] アオジの羽根に寄生するウモウダニの一種。上の写真は羽枝に沿って寄生する成虫（矢印）。交尾している個体や卵が見られることもある。下の写真が拡大したもの。

いる。しかし、北海道でウオノエの仲間に出会うことは少ない。私の経験では、北海道産ではサヨリのエラからサヨリヤドリムシ（またはブリエラヌシ）を見つけたことがあるのみである。スーパーで探すなら本州がよいと思う。

ある年の瀬に、旭川《あさひかわ》市内のスーパーに買い出しに行くと、珍しく本州産のキダイ（レンコダイと表記されていた）が販売されていた。パックされて並ぶキダイの口の中を順番に見ていくと、ウオノエが寄生している個体を発見することができた。大喜びで購入し、エタノールに保存して満足していたが、後日、私の尊敬する寄生虫学研究者がソコウオノエと同定してくださった。論文には発見の経緯（私の買い物の様子）が記されている。

研究が進んでいるマラリア原虫とバベシア原虫

寄生生活を送る原生生物を原虫《げんちゅう》と呼ぶ。原虫は単細胞で核膜に包まれた核を持ち、真菌や細菌、ウイルスは含まない。非常に微細な生き物で、宿主の細胞内に寄生することもある。寄生性の原生生物は多様であるが、その中でも医学や獣医学の分野で重要とされるもの、すなわちヒトや家畜の病気の原因になるものについては研究が進んでいる。

有名なものではマラリア原虫やトキソプラズマ原虫などが知られている。マラリア症は蚊が媒介する熱性疾患で、流行地では未だ脅威となっている。トキソプラズマ症は妊婦が初感染した場合、流産などを引き起こす。その他、シャーガス病の原因となるクルーズトリパノソーマ、下痢《げり》や血便を引き起こす赤痢《せきり》アメーバも原虫である。

原虫類は単細胞の生物なので産卵はせず、アメーバのような分裂増殖が見られる。赤痢アメーバなどはまさにこれにあたる。また、マラリア原虫を含むアピコンプレックス門の原虫は分裂により無性生殖するステージと、雌雄の生殖母体を生じ接合する有性生殖ステージを持つ【図19】。

マラリア原虫といえばヒトに発熱や貧血などの重篤な症状を引き起こすことで知られるが、これは赤血球の中で分裂増殖し、次から次へと新しい赤血球を壊してしまうことによる。ヒトに病害を与えるマラリア原虫としては熱帯熱マラリア、三日熱マラリア、卵形マラリアなどの種が存在する。

赤血球ステージのマラリア原虫の一部は雌雄のガメートサイト（生殖母体、将来的な精子と卵細胞のようなもの）へと分化し、これが蚊（ハマダラカの仲間）に吸血されるとその体内でガメート（これが精子と卵細胞にあたる）となり有性生殖を行う。これにより生じた接合体（チゴート）はオーキネートと呼ばれる運動性のあるステージに発育する。オーキネートは蚊の腸壁を通過して腸の外側でカプセルを作り（オーシスト）、その中に多数の原虫（スポロゾイト）ができる。スポロゾイトは哺乳類への感染性を持つステージで、誰に教わったわけでもなく蚊の唾液腺《だえきせん》に移動し、次の吸血の際に注入される。

バベシア原虫はマラリア原虫とよく似ている。多くは哺乳類宿主の赤血球内で分裂増殖し、これを破壊するため貧血や黄疸《おうだん》を引き起こす。家畜を宿主とするものが多く、ウシに寄生するバベシア・ボビス、イヌに寄生するバベシア・カニス、ウマに寄生するバベシア・カバリなど多くの種が存在する。これらの原虫を媒介するのはマダニである。

マダニの雌は血液を吸って大きく膨らみ、産卵する。感染雌から産まれた卵が孵化して出てきた幼虫に原虫が受け継がれる。これを経卵巣伝播《けいらんそうでんぱ》という。卵を介して次の世代に持ち越されることは、感染マダニを増やし、次の哺乳類宿主に運ばれる機会を増やすことになる。

バベシア原虫は基本的にヒトに感染しないが、稀《まれ》にネズミ由来のバベシア・ミクロティなどの症例が報告されている。

アピコンプレックス門に属する寄生性の原虫は他にも多く存在し、節足動物の体内で有性生殖をするものもあれば、哺乳類や鳥類の消化管で有性生殖をするものもある。

寄生生活のメリット

寄生虫学の真髄はライフステージの暗記ではなく、それぞれの寄生虫がなぜこんな暮ら

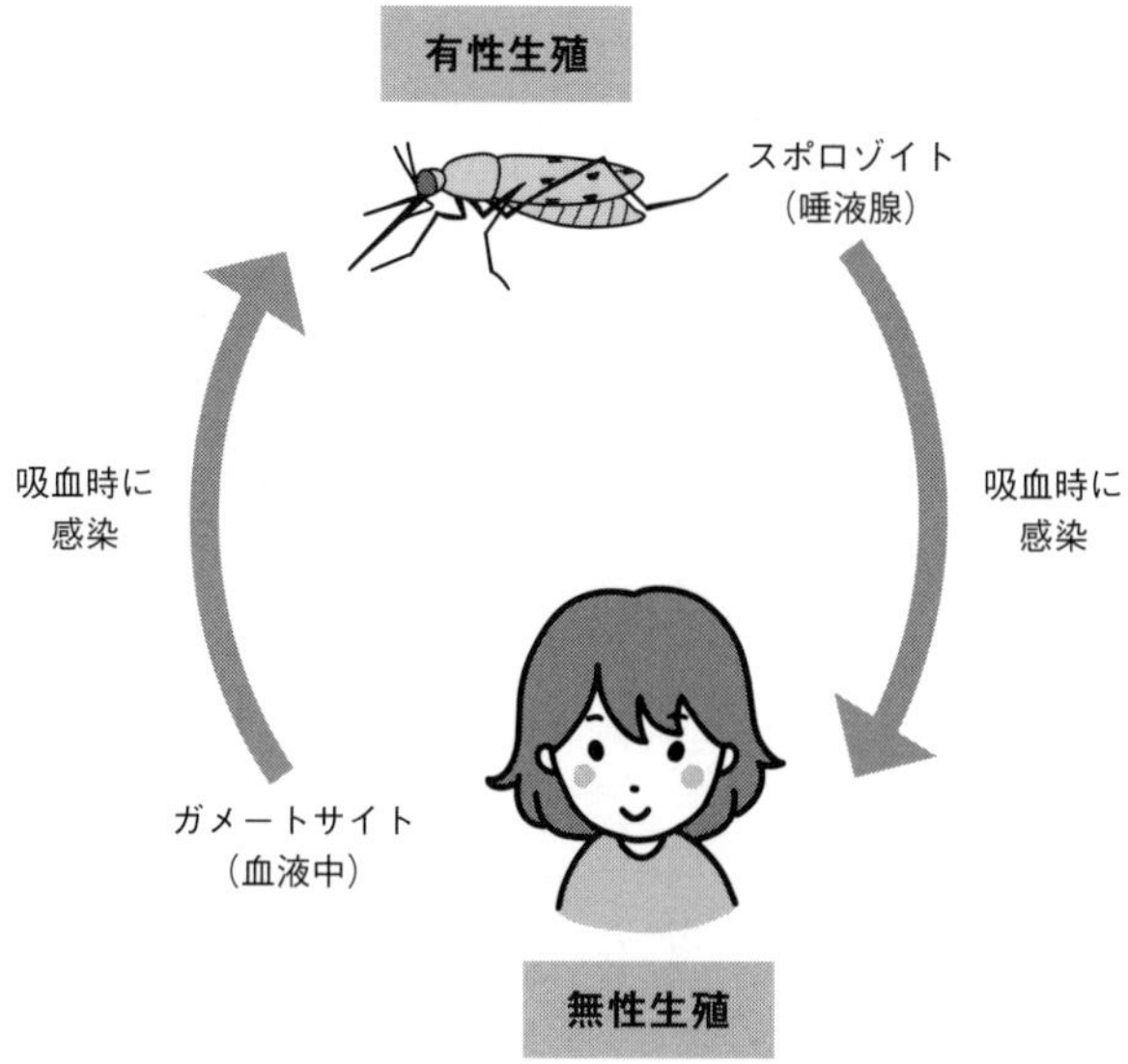

[図 19] ヒトに寄生するマラリア原虫のライフサイクル。原虫の場合、終宿主や中間宿主という言葉をあまり使わない。ただし、本書のライフサイクルの図では終宿主を上に配置しているため、これに合わせて有性生殖世代を送る蚊を上部に示した。蚊は媒介者（ベクター）と呼ばれる。ヒトの血液由来のガメートサイトは蚊の体内でガメートとなり、接合したのちに中腸基底膜でオーシストと呼ばれるカプセルを作り、内部に多数のスポロゾイトを形成する。スポロゾイトは唾液腺に移行し、蚊の吸血時に唾液とともにヒトに注入される。細かい発育様式や病態などは原虫種により異なる。

し方、姿形をしているのか想像して楽しむことにある。そもそも寄生生活を送るメリットはどこにあるのだろう。寄生虫になったつもりで考えてみる。

一つはもちろん栄養の摂取が容易なことだ。寄生虫にはそれぞれ好適な寄生部位というものがあり、例えば日本住血吸虫成虫は哺乳類の血管に寄生する。血液を消化して栄養とするため、ひとたび血管に到達すれば食べ物には困らない。じっとしているだけで食べ放題とは実にうらやましい。消化管に寄生する蠕虫《ぜんちゅう》も同様で、宿主が摂取した食物の一部を栄養として取り込むものもいれば、消化管壁から血液を吸うものもいる。

二つ目は宿主の体内は外敵がおらず安全だという点だが、これは注意が必要である。敵はいないが、宿主が何かに襲われて死んだり、食べられたりした場合、寄生虫も運命をともにせざるを得ないためである。宿主の死は寄生虫の死を意味する。ただし、幼虫を保有する中間宿主が他の動物に食べられることは、寄生虫にとって必要なことでもある。

すでに述べたとおり、食物連鎖をうまく利用している寄生虫は多いが、間違った宿主に取り込まれれば発育できず死んでしまうため、「正しい宿主」の「正しい寄生部位」に「正しいルート」で侵入せねばならない。寄生虫といえばのらりくらり怠惰な生活をしているように思われがちだが、安全な場所に到達するまではなかなか過酷である。また、安全と思われる場所であっても、他の動物の体内で暮らすというのは絶えず免疫応答《めんえきおうとう》にさらされているはずである。そのため、何度も同じ寄生虫感染を繰り返すと徐々に寄生しにくくなることもある。

三つ目として棲《す》み分けの意味も大きいだろう。地球は広くてどこでも生きていけそうに思えるが、実は自分に合った、なるべく他の生物と重ならないニッチ（生態的地位）が必要である。自由生活ではなく寄生生活を選ぶのもその一つであり、さらに、寄生する上でも宿主や寄生部位を決めることで、競合を避けることができる。そのため、「なぜそんな場所に？」と尋ねたくなるような所に寄生しているものもいる。

ディプロストーマム属吸虫の幼虫は魚類の眼球の中、水晶体に寄生している［図20］。私からすれば栄養も少なそうだしよい寄生部位とは思えない。これが眼球にたくさん寄生した魚類は光に対する反応が悪くなるのか、エサをとる能力が低下し、水面近くで過ごすことが多くなる。そのため終宿主である鳥類に食べられやすくなるのではないかとも言われている。

もちろん、寄生虫がそんなことを考えて寄生部位を決めるわけはないが、とにかく多様な宿主のあらゆる場所を住処《すみか》として利用している。寄生部位に対するこだわりの強さ（特異性）は寄生虫種によって様々である。横川吸虫《よこがわきゅうちゅう》に代表されるメタゴニムス属吸虫は日本に一〇種存在し、中間宿主となる魚類は大まかに決まっているが終宿主はヒトを含む哺乳類や鳥類と広域である。

しかし、一頭のマウスに複数種のメタゴニムス属吸虫を感染させると、小腸上部、中部、下部というように種ごとに寄生部位が分かれる。消化管の中でも小腸、さらにそのうち自分が寄生すべき部位を知っている。寄生虫が種ごとに宿主や寄生部位を決めるのは、「同種の仲間」と出会う可能性が高いためだろう。

寄生虫には雌雄同体で自家受精を行うものも多いが、雌雄同体でも他の個体と交接《こうせつ》し、精子を交換することも可能である。個体数が少なければ自家受精で増やすことも必要だが、やはり遺伝的多様性を高めるためには交雑《こうざつ》も重要である。宿主や寄生部位は寄生虫にとって遺伝子交換の場、つまり出会いの場なのだ。

寄生生活のメリットは他にもたくさんあるだろう。『寄生虫進化生態学』（ロバート・プーラン著）によれば、宿主が増えてライフサイクルが複雑になることで成熟遅延、つまり寿命が延びて結果的に生涯での繁殖成功率が増加するという。二つも三つも宿主を乗り換えることに利点があるようには思えないが、実はメリットが存在する（その後、ライフサイクルを省略して宿主の数を減らす種も出現するのだが、それはそれで利点がある）。寄生虫たちは別にメリットを追い求めて進化したわけではなく、たまたまこんな感じになったのだろう。

ロバート・プーラン博士も、「ライフサイクルが進化する際の駆動力は確率性か適応」

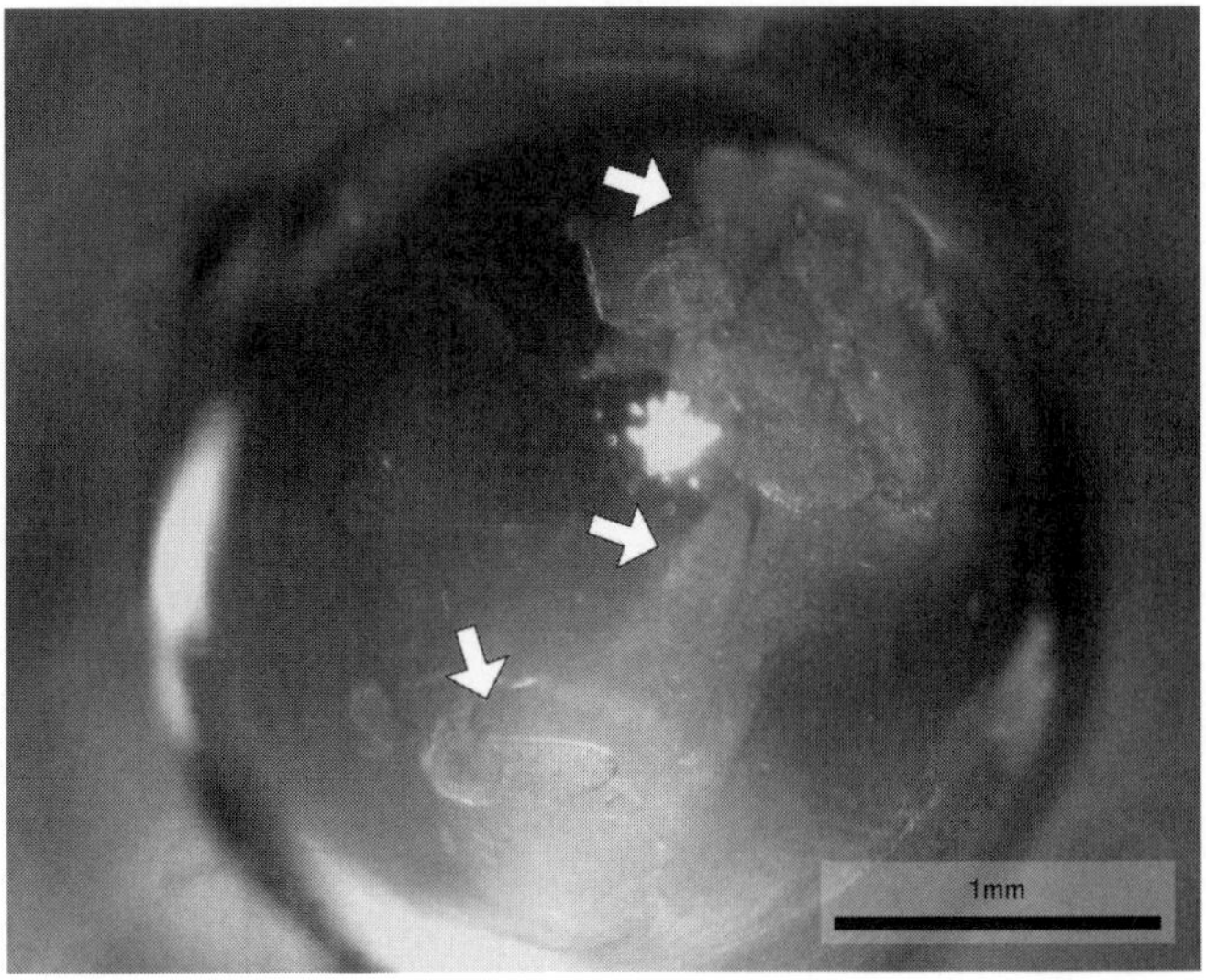

[図 20] ウグイの眼（水晶体）に寄生するディプロストーマム属吸虫の幼虫(メタセルカリア)。矢印で示した半透明なものが虫体。右上に多数寄生しており、ざっと数えただけでも 10 個体以上は存在する。この吸虫のメタセルカリアは被嚢しない。つまり、カプセル内に入っておらず、ゆっくりと動く。筋肉や皮下などに比べて免疫応答の弱い眼球内は身を守るカプセルが必要ないのだろうか。

と述べている。しかし、寄生虫がどうしてこんな姿形になったのか、なぜこのような部位に寄生しているのか考えるのは楽しい。理にかなう説明がつくこともあるが、全然理由が思いつかない生き方をするものもいて、どちらもおもしろい。

第二章

見たことのない寄生虫を追う

寄生虫研究とはどのようなものか

寄生虫研究者の日常

寄生虫研究といっても、寄生虫学者によって興味のありかは異なる。寄生虫の地理的な分布、寄生虫感染症の疫学、寄生虫の発育様式、細胞や組織への侵入メカニズム、宿主《しゅくしゅ》の免疫応答《めんえきおうとう》、寄生虫と宿主の共進化……研究者によって実に様々な研究課題を持ち、謎《なぞ》を解明すべく日々汗を流している。

私はといえば、まずは「見たことのない寄生虫を見てみたい」がテーマである。もちろん、寄生虫について調べていく中で疑問が生じたら、分子学的、化学的解析が必要になることもあるが、まずは寄生虫を見つけて観察するのが基本である。こんなのんきな方法でもうっかり未記載種《しゅ》（未《いま》だ名前を付けられていない種）を発見してしまい、新種記載につながることもある。観察には特に難しい手技、手法は使わない。顕微鏡《けんびきょう》があれば仕事の大半は済む。私が日々行っている趣味のような研究について紹介したいと思う。

私たち寄生虫研究者は日常的に宿主となる動物を捕獲し、寄生虫を調査していると思われているかもしれない。しかし、実は野生動物を調査するのは難しい。私たちは内部寄生虫をターゲットにしているため、寄生虫を検出するには動物を殺して解剖《かいぼう》する必要がある。

野生動物を勝手に捕獲することはできないし、調査のためであっても捕獲、解剖できる個体数には動物種によって制限がある。交通事故死体や有害鳥獣として駆除された個体から貴重なサンプルが得られることもあるが、解剖にあたっては野生動物由来の感染症の恐れがあるため、しかるべき施設において行わなくてはならない。

多くの哺乳《ほにゅう》類や鳥類に寄生虫が存在するといっても、感染率が高くないものもあるため、解剖しても目的の寄生虫と出会えないことは少なくない。このようにたくさんの制限があって、哺乳類や鳥類の寄生虫を調査するのは難しい。アマチュア昆虫研究者が多いのに、アマチュア寄生虫研究者が少ないのはこのためだと思う。

一方、中間宿主となる動物から寄生虫を探すとうまくいくことがある。節足《せっそく》動物や軟体《なんたい》動物が中間宿主となる場合、これらの動物種の密度が高い場所では捕獲が容易なためである。昆虫や巻貝《まきがい》にいる寄生虫の幼虫を把握すれば、これを捕食する哺乳類や鳥類などに寄生する成虫が想像できる。

もちろん、無脊椎《むせきつい》動物であっても公園などでの調査には市町村などの許可を得なければならない。当然のことながら、たくさんいるからといってむやみに採集してはいけないし、生き物を別の場所に移動してはいけない。宿主も寄生虫も生態系の一部だから、調査には注意が必要である。

こうして得られたサンプルは研究室に持ち帰り、一個体ずつ解剖して寄生虫感染の有無を調べる。巻貝であれば一個体ずつ隔離して水中で観察すると、遊出《ゆうしゅつ》したセルカリアが得られることもある。

よく知られている寄生虫（特に感染症学的に重要な種）であれば、この時点で感染率（宿主全体のうちどれくらいの割合で感染しているか）や感染強度（宿主一個体にどれほどの寄生虫が存在するか）を算出し、その土地の汚染状況を把握することができる。

しかし、たいていの場合は見たこともない寄生虫が出てくる。特にそれが幼虫ステージである場合、種《しゅ》どころか属《ぞく》、科《か》、ときに目《もく》も見当がつかないものを見つけてしまうこともある。なぜなら幼虫はときに成虫とは似ても似つかない姿をしているからだ。寄生虫の種を同定するには成虫の形態を観察することが必要で、幼虫では種同定が難しい。同定の際に重要な鍵《かぎ》となる生殖器が未熟で形態を観察することができないためだ。

幼虫を見つけたのはいいが何かは分からない、というのは研究者として悔しい。そこでまずは動物実験により成虫を得ることを試みる。哺乳類や鳥類に感染可能なステージ（例えば吸虫のメタセルカリア）をマウスやニワトリなどの実験動物に感染させ、体内で発育したのちに成虫を取り出すという方法である。こうして得られた成虫の形態を観察し、過去に記載されたものと比較して種を同定する。実験動物由来の成虫に基づいて新種記載が行われることもある。

ただし、この方法では宿主特異性が高い寄生虫、すなわちマウスやニワトリの体内では発育できない寄生虫は成虫を得ることができない。また、成虫まで発育した場合でも、本来の終宿主《しゅうしゅくしゅ》で発育した場合と比較して小型になってしまうこともある。その場合、やはり自然界における終宿主から成虫を検出しない限り種を特定することはできない。

研究に欠かせない、人とのコミュニケーション

私一人の力では広い範囲を調査することは困難である。また、野外は危険を伴うことが多いため、共同研究者と行動をともにすることが多い。好きな生き物の話をしながら野山を歩き、目的のものを採集するのはとても楽しい。

寄生虫研究者が野外で採集するものは寄生虫そのものではなく宿主となる動物（あるいは植物）やその排泄物《はいせつぶつ》などである。そのため、ターゲット次第でその生き物に詳しい専門家に相談したり、調査に同行してもらう。寄生虫研究者だけでは宿主に関する知識が不十分なためだ。

サンプリングのみならず、寄生虫研究には様々な分野にわたる研究者の協力が不可欠である。医学、獣医学の分野はもちろん、宿主動物（脊椎動物から無脊椎動物まであらゆる動物

群を含む)、植物、自然環境など専門家の知識は欠かせない。動物種の同定には分類学、ライフサイクルを考える上では生態学、体内での寄生部位や動態を知るには解剖学や生理学……というように、いろいろな学問とつながっている。

寄生虫や宿主の分布、拡散が地形の変化や産業と関わる場合は、土木や歴史の専門家の知識が必要になる。博物館に協力を依頼することも多い。行政の許可や協力がなくてはできない研究もある。市民科学の力を借りることもある。

一般の方々の観察眼というのは素晴らしく、ときに寄生虫研究者が見つけられないものに容易《たやす》く出会っていることがある。私たちはSNS(Twitterアカウント:@parasitology_as)を使って情報を募ることで、市民科学の恩恵にあずかっている。

例えば、日本列島におけるロイコクロリディウム属吸虫の分布調査、さらに本州での新たな種の発見には、SNSに寄せられたたくさんの情報が不可欠であった。また、北海道の市街地におけるキツネ目撃情報を募集した際には、写真付きで目撃地点や時間を教えていただいた。これを地図上にプロットすると、札幌《さっぽろ》や旭川《あさひかわ》の市街地で、季節や時間に関係なくかなりの数のキツネが目撃されていることが分かった。このようなデータはエキノコックス対策に生かされるのみでなく、哺乳類の生態を調べる研究でも利用されている。

アジング、すなわちルアーを使ったアジ釣りを嗜《たしな》む方々に、黒点を持つマアジの写真を

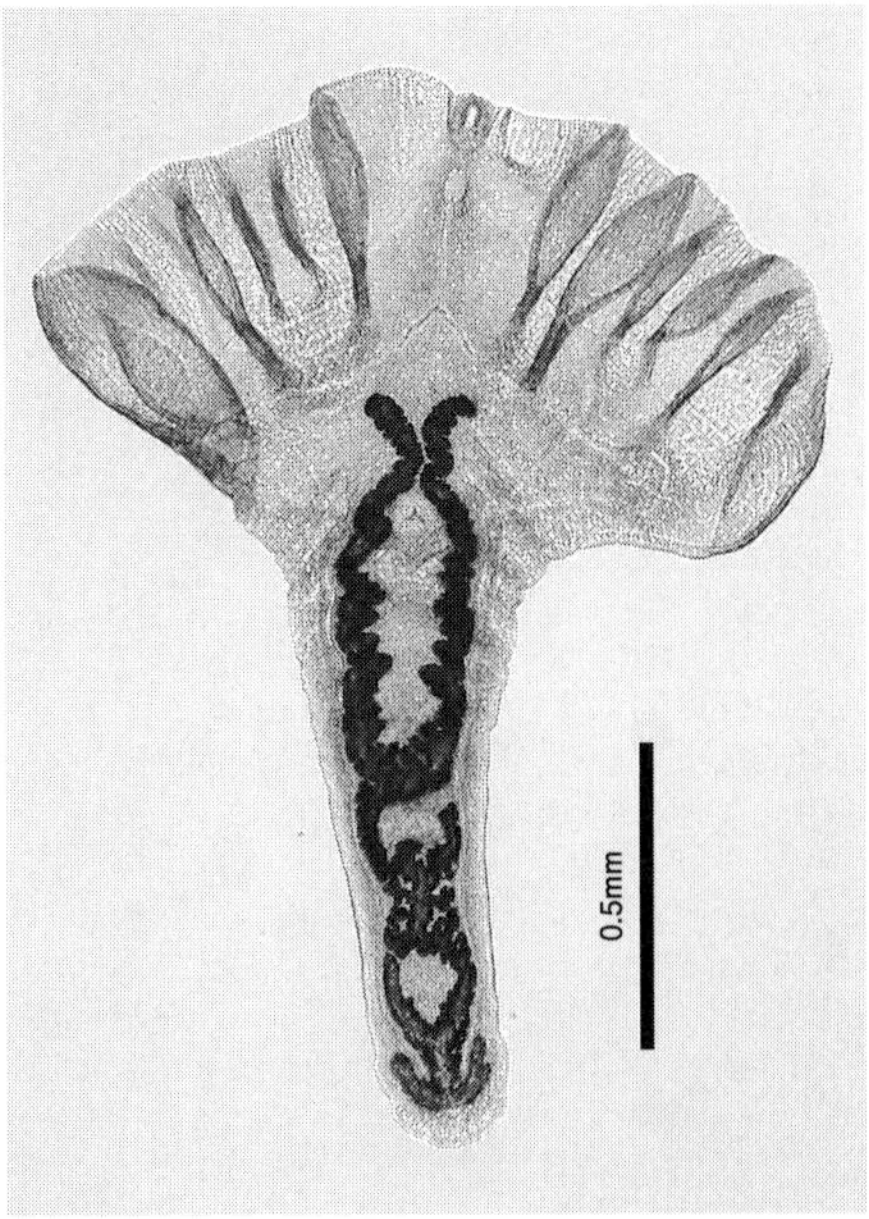

[図 21] スカファノセファルス属吸虫の一種の幼虫。マアジやシロギスの体表に黒点が見られることがある。この黒点は球形だが、内部にこんなに美しい扇型の幼虫がいる。黒い色はおそらく宿主の細胞により産生されたメラニン色素であり、虫体とそれが入っているカプセルは白色〜半透明。スカファノセファルス属の吸虫は世界に三種存在するが、写真の種はおそらくそのいずれとも異なる未記載種。だが、悔しいことに未だ成虫が見つかっていない。終宿主はミサゴなど魚食性の猛禽類と考えられている。

送ってもらったこともあった。マアジの黒点部分には美しい扇状の吸虫《きゅうちゅう》（スカファノセファルス属）の幼虫［図21］が被嚢《ひのう》しているのだが、北海道にいながらにして、この寄生虫が見られる地域（北陸以南に多いようである）を把握することができた。

こちらから情報を募らなくても、寄生虫を見かけたときに写真を撮って送っていただくこともあり、その中にも非常に貴重なものがあって驚かされる。許可を得て論文や学会で発表したものもある。SNSも使い方次第では有用なツールである。

私は子供の頃から人付き合いが苦手で、動物だけを相手に仕事をしたいと思い獣医師になった。しかし、臨床獣医師は人と会話しなければ仕事ができないことに気づいた。研究者なら人と会わずに一人で研究していればいいと思ったが、当然そんなわけはない。研究をするには人とのコミュニケーションが重要で、研究とは多くの方に助けてもらわなければ成立しない仕事だ。社会で生きる上では人と関係を持たないわけにはいかないし、人との会話の中で学ぶことばかりである。そんな当たり前のことに気づきはじめたのが三〇代後半以降だったが（精神的な成長が遅いタイプなのであろう）、気づいたからよしとしている。過去や未来も含め、多くの人間が関わって研究は進んでいく。

寄生虫標本作りの試行錯誤

寄生虫の形態を観察するのはとても楽しい時間である。観察する時間が終わってしまうと、学会の準備をしたり論文を書いたりという嫌いな仕事が待っているので、できることなら夢から醒《さ》めたくない、ずっと顕微鏡を覗《のぞ》いていたいという気持ちになってしまう。

生きたまま観察することもあるが、多くの場合は標本を作る必要がある。生き物の標本には液浸《えきしん》標本、プレパラート標本、剝製《はくせい》や骨格標本、乾燥標本など様々な種類があるが、蠕虫《ぜんちゅう》類は液浸標本あるいはプレパラート標本にすることが多い。

標本の作り方は寄生虫の種類によって大きく異なる。オンライン学会の懇親会で「寄生虫標本の作り方」というテーマで座談会を開き、画面の向こうで酔っぱらった研究者たち(偉大な先生方である)が「僕はこうしている」「私はこれを使っている」とそれぞれ手の内を明かしてくれたことがあり、どれも書物では知ることのできない情報でとても勉強になった。しかし、標本作製法は一つに統一することはできない。なぜなら寄生虫によって大きさや柔らかさ、体表の構造が異なるため、その都度試行錯誤が必要なためだ。

生き物を標本にする際には「固定」が必要である。固定とは、できるだけ生きているときに近い状態のまま生命活動を止めることである。最も簡単な方法はホルマリンやエタノールなどの固定液に入れることである。野外でも自宅でもとりあえず寄生虫を保存したいときは消毒用エタノールに入れておけばよい。ただし、線虫《せんちゅう》は生きたまま固定液に入れるとくるくると丸まってしまうし、扁形《へんけい》動物はくちゃくちゃに縮んでしまう。

古い時代の研究者たちはこれを解決すべく試行錯誤を繰り返した。そのおかげで私たちは、線虫は加熱すればピンと伸びること、吸虫はスライドグラスやカバーグラスに挟んで少しの圧をかけながら固定液を注ぐのがいいことを知っている。条虫《じょうちゅう》は固定の前に少しの時間、水に漬けておくのがよい。

ただし、知っていてもうまくできるわけではない。固定液の種類や調整法、熱のかけ方、ガラスの重み、水に漬ける時間、あらゆる点において研究者一人ひとりが工夫している。また、圧をかけて平らにして観察すべきかコロンと丸い自然の形のまま観察するのがよいかも議論の対象となる。かける圧力の大きさによって（作る人によって）体や各器官のサイズの測定値が異なるのも問題である。

鉤頭虫《こうとうちゅう》は圧をかけなければ吻《ふん》がうまく露出しないが、圧をかけすぎると胴部が破損するのでこれもまた難しい。固定液としては、現在は遺伝子解析を行うことが多いのでエタノールがおもに使われるが（ホルマリンはＤＮＡ《ディーエヌエー》を傷害する）、他の固定液を用いたほうがよい染色標本を作ることができる場合もある。

固定液に入れたまま液浸標本として保存する場合もあるが、吸虫や条虫などをプレパラート標本にする場合、染色を行う必要がある。染色法も様々で一口には語りつくせない。私はおもに酢酸《さくさん》カーミンやアラムカーミン（細胞がピンク色や紫色に染まり、精巣や卵巣がくっきり見える）、ハイデンハイン鉄ヘマトキシリン染色（茶色の染色液で、管や細かい構造が見えるようになる）を使う。個人的にはピンク色に染まった方が綺麗《きれい》で好みだが、見たい器官や寄生虫の種類によって染色液を使い分ける必要がある。ただしこれも寄生虫によってはぼんやりとしか染まらない場合があるので、新たな寄生虫に出会うたびに試行錯誤するはめになる。

染色後はキシレンやクレオソートで透徹《とうてつ》する。これにより白く濁《にご》った部分が透明になり、重なり合った器官も観察できるようになる。私は透徹にクレオソートを好んで使うのだが、これはラッパのマークがついた下痢《げり》止めのにおいがする。クレオソートを使った日に誰かと会う予定がある場合、お腹の調子を心配されてしまうので注意してほしい。

その後、カナダバルサムなどの樹脂で封入すれば、一〇〇年後でも観察可能な標本の完成である。顕微鏡さえあればいつでも好きなときに観察できる。

線虫は液浸標本で保管し、染色せずにグリセリンなどで透徹してスライドグラスに乗せ、カバーグラスをかぶせて内部構造を観察する。カバーグラスをずらしてコロコロ回転させ、様々な角度から観察することが大事である。私はいつももっと見たい気持ちがはやり、カバーグラスを過度に押して虫体を壊してしまう。

巨大な線虫であれば解剖して内部を観察することもできる。私が線虫を好んで研究テーマとしない理由の一つは、「染色できず、プレパラート標本にできないから」である。プレパラート標本を作って標本箱に納めるのが好きだ。

幼虫の場合も同様に染色や透徹処理を行うが、生きた状態で観察することも多い。セルカリアなどの場合、生きたものに生体《せいたい》染色（ニュートラルレッドなどを用いる）を施し、コントラストを付けて見やすくしてから観察する。尾を激しく振るので顕微鏡写真を撮影するのが大変だが、なんとかカバーグラスで抑える（抑えすぎるとつぶれる）。

メタセルカリアやシスタカンスなど被嚢して休眠しているステージは筋肉や皮膚《ひふ》、腸間《ちょうかん》膜《まく》などの組織に埋もれていることも多いので、寄生虫だけ取り出す作業が必要となる。

前に述べたとおり、寄生虫は動物の食物連鎖を利用してライフサイクルを営むことが多い。この場合、中間宿主は終宿主に食べられることで活性化し、次のステージへと移行する。これを利用した消化酵素《こうそ》による幼虫の分離方法がある。終宿主が哺乳類である場合、口から入った食物は食道を通って胃に達し、胃液（消化酵素であるペプシンを含む）にさらされる。その後、小腸へ送られトリプシンにより消化される。これを試験管内で再現する。

つまり、幼虫が寄生している中間宿主の組織（例えば横川吸虫《よこがわきゅうちゅう》であれば魚のウロコや筋肉）を

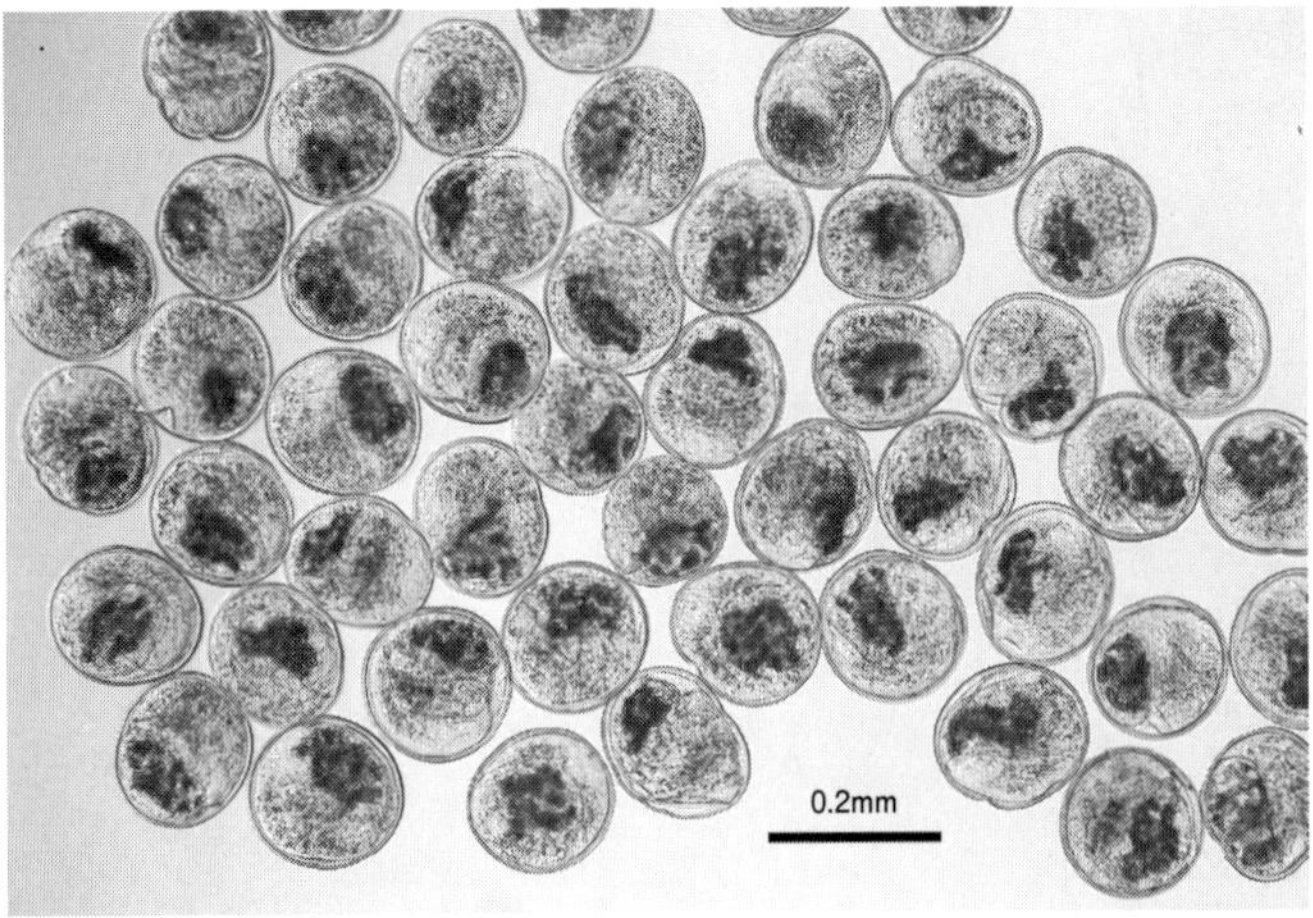

[図 22] ペプシン処理により回収したメタゴニムス属吸虫（複数種が混在している可能性がある）のメタセルカリア。エゾウグイのウロコをペプシン溶液で処理した。メタセルカリアは沈殿するので、何度か水を入れ替えて洗浄し宿主の組織を取り除けば、写真のようにメタセルカリアだけ集めることができる。

酸性のペプシン溶液に入れて三七度で処理すると宿主の組織が消化される。これをよく洗浄すれば、カプセルに入ったメタセルカリアだけを集めることができる[図22]。

さらに、このカプセルをトリプシン溶液で処理することで内部の幼虫が活性化し、カプセルの外へ脱出する(脱嚢《だつのう》と呼ぶ)。ペプシンとトリプシンは哺乳類の胃と小腸の環境を模したもので、被嚢《のう》した吸虫は終宿主である哺乳類の胃を通って小腸に到達したと勘違いして活性化する。ただし、終宿主が魚類などの変温動物である場合、三七度で処理する際に死滅してしまうことが多いのでこの方法は使えない。得られた幼虫は成虫と同様に固定して各部位の計測に用いる。染色して永久標本として残すことも可能である。

節足動物の場合は外骨格《がいこっかく》があるので比較的安心して扱うことができる。雑な言い方で申し訳ないが、ウオノエやマダニなどはとりあえず七〇パーセントエタノールに入れておけばよい(節足動物の専門家にとっては正しい方法ではないのかもしれないが、私はとりあえずそうしている)。

マダニは水酸化カリウム溶液で筋肉などの組織を融解したのち、樹脂包埋《じゅしほうまい》すれば透明で美しい標本となる。同定に必要な棘《とげ》なども顕微鏡下で観察しやすい。小さなダニはスライドグラスに載せてホイヤー氏液で封入すると簡単に透明になる。蚊《か》やブユは一般的な昆虫標本と同様に乾燥させて標本箱にしまうこともあるだろう。

「絵を描く必要はあるのか」

標本を作製し、観察したら、図と文章で記録を残さねばならない。未記載種であれば新種として記載すべきである。再発見であれば過去のものと本当に同じ種なのか、観察結果を示さなくてはならない。そのときに必要なのが写真とスケッチであり、特にスケッチは非常に重要である。

よく「絵を描く必要はあるのか、写真でよいのではないか」と聞かれることがある。寄生虫標本を観察すれば分かるが、器官同士の重なりや前後関係が写真では非常に伝わりにくい。これを分かりやすくするには描画が一番である。

最も偉大な寄生虫研究者の一人である山口《やまぐち》左仲《さちゅう》博士（一八九四〜一九七六）は、あらゆる寄生虫に精通し、多くの文献を網羅して「寄生虫の虎の巻」、つまり世界中の寄生虫をまとめたモノグラフを作成するという恐るべき仕事を成し遂げた方である。

この虎の巻は現代でも世界中の寄生虫研究者に使われており、私もいつも辞書がわりに見ている。彼は寄生虫の描画のために数人の画家を雇っていたという。山口先生の論文に使用されたスケッチの原画は目黒寄生虫館で見ることができる。筆を使って描かれた繊細な線と点からなる寄生虫は息を呑《の》む美しさである。

他の生物と同様、寄生虫の場合も論文に使用した標本はできる限り博物館などに納める。寄生虫種、ステージ、宿主、採集場所、採集日時、採集者などの情報と合わせて登録することが重要である。論文には登録先を記載し、後の研究者がいつでも標本を観察できるようにしなければならない。標本と遺伝子情報の対応が取れるようにすることも重要である。

新種を記載する場合はその種の基準となる標本（タイプ標本）を指定する。標本が複数存在する場合、そのうちの一つを選びホロタイプとする。これが論文で使用されるその種の基準である。残りも体サイズや各器官の計測などに使われ、これらはパラタイプとして登録する。何らかの理由でタイプ標本が失われた場合は、ネオタイプとして新たな標本が指定されることもある。新種を記載する場合はその生き物が採集された場所が重要であり、タイプ標本が得られた場所を基産地（タイプロカリティー）という。

特徴の少ない寄生虫では、形態が似ていても産地が異なれば別種である可能性があるので注意が必要である。登録する場所はたいてい博物館である。寄生虫研究者は目黒寄生虫館や国立科学博物館に登録することが多いように感じるが、もちろんその他の博物館に納めることもある。

タイプ標本（特にホロタイプ）を決めるときはあくまでも「その種の基準」を選ばなければ

ばならないのだが、どうしても「一番大きい」「全体の形がよい」「器官がよく染まってい
る」など、私の思い入れが影響してしまうので、いかんいかん、と言いながら苦悩してい
る。

DNAをバーコードみたいに読み取る

近年では遺伝子解析が比較的容易に行われるようになり、ゲノム（DNAに記された遺伝情報の全て）が丸ごと全部解読された生物もかなり増えてきている。寄生虫については、二〇〇九年にマンソン住血吸虫《じゅうけつきゅうちゅう》の全ゲノムが解読されたことがよく知られているが、その他の種についても解析が試みられている。

芽殖孤虫《がしょくこちゅう》のゲノムも解読され、新たな発見が報告された。芽殖孤虫は条虫の一種だが、幼虫のステージしか発見されていない。糸くずのように細い幼虫が分裂増殖し、全身の筋肉や臓器にはびこるという、聞いただけで震えが止まらなくなる寄生虫だ。幼虫はヒトに寄生するが、成虫はいかなる動物からも見つかっていない。一九八一年にベネズエラの患者から芽殖孤虫の幼虫が分離され、マウスを用いて現在も継代維持されている。

この幼虫のゲノム解析の結果、ホメオボックス遺伝子（発生における器官形成や細胞の分化に重要な役割を果たす遺伝子群）のうちいくつかが欠失していたという。つまり、成虫の器

官を形成する能力を失ってしまった可能性が示唆されている。芽殖孤虫はもう成虫になることはなく、永久に分裂増殖で増えるだけの動物になってしまったのかもしれない。しかし、このきわめて稀《まれ》に発見される条虫が自然界ではどのような生活を送っているかは未だ不明である。

全ゲノムを解読しなくても遺伝子配列から分かることはたくさんある。DNA配列の一部を明らかにするだけでも有用な情報が得られることがある。例えば、異なる生物の間で同じDNA領域を解読し、比較することで、生物同士の系統関係、すなわち遺伝的にどれほど離れているかが分かる。

DNAはA（アデニン）、T（チミン）、G（グアニン）、C（シトシン）の四つの塩基《えんき》の繰り返しなので、大雑把《おおざっぱ》にいえば、一〇〇〇塩基からなる配列の一つが違えばとても近縁、一〇〇も違えばだいぶ遠縁、といった具合に生物種同士の関係を推定できる。実際にはコンピューターを使った綿密な計算により解析がなされ、これを分子系統解析《ぶんしけいとうかいせき》という。分子系統解析に基づいて作成された系統樹（生物の系統関係が枝分かれしたツリーとして示されたもの）を用いれば、類縁関係を分かりやすく示すことができる。

私は野外で寄生虫の幼虫を見つけることが多いが、正直に言って、それが何という種の幼虫なのか分からない。また、成虫と幼虫を両方見つけたとしても、姿形が異なるステージでは、それらが同じ種であるとどうやって証明すればよいのだろうか。過去の文献を参考にして調べるのは当然だが、寄生虫にはよく似た種が存在するため、確証を持って成虫と幼虫が同一の種だと言うことはできない。感染実験も一つの方法であるが、うまくいかないときもある。ときに成虫同士、幼虫同士であっても、形態はほぼ同じだが分布域や宿主が異なる別種が存在することもある。

そこで便利なのがＤＮＡバーコーディングという手法である。ＤＮＡ配列の決まった部分をコンビニやスーパーのバーコードみたいにピッピッと読み取ってレシートに寄生虫の種名が印刷されたら、と想像してもらえれば、便利さが伝わるだろうか。実際にはピッピッとは簡単に読み取れないものの、ＤＮＡの特定の配列（例えばミトコンドリアＤＮＡの一部）をＰＣＲ（ポリメラーゼ連鎖反応）法により増幅し、四種類の塩基の並びを解読し、比較するという単純かつ確実な方法である。

解読する遺伝子領域としては、比較したい生物によって適した領域が用いられる。例えば吸虫や条虫では核18Ｓあるいは28ＳリボソームＲＮＡ遺伝子（ｒＤＮＡ）やミトコンドリアチトクロームｃオキシダーゼサブユニットⅠ（ＣＯⅠ）遺伝子などが使われる。これを使えば成虫と幼虫から得られたＤＮＡを比較し、同じ種かどうか明らかにすることができる。

また、世界中の研究者がＤＮＡ配列を自分で同定した種名とともにデータベースに登録しているため、これと比較することで、誰でも種同定が可能となるし、地域による違いを発見できる。私が北海道で見つけた寄生虫の配列を登録しておけば、のちにヨーロッパで「ここにも同じ種がいたよ」と言ってくれる研究者が現れるかもしれない。ただしこの方法にも欠点があって、同定に誤りがあり、異なる種名で登録された場合、その後の研究もそれを利用して行われてしまうため、大混乱に陥る。

寄生虫のＤＮＡバーコードはまだまだデータ不足なので、多くの場合は未知の配列が得られる。そのような場合、形態や分布、宿主などから慎重に種を同定し、場合によっては新種として配列を登録しなければならない。その後の研究に大きな影響を与える責任重大な作業なのである。

第三章

誰にも気づかれずに生きる

陸上で生活する寄生虫

寄生虫の楽園

第一章で述べたように、寄生虫は多くの生き物を利用する。陸上で暮らすもの、空を飛ぶもの、川や海を泳ぐもの。寄生虫は生態系の中のあらゆる動物を宿主《しゅくしゅ》として利用し、ときに植物や無機物《むきぶつ》を使ってまで生活を営む。川や海で釣りをするのが好きな方や、野山での生き物採集が好きな方はそこで寄生虫と出会っていると思う（寄生虫の存在に気づいているかどうかは別として）。

私たちの一番身近に見られる寄生虫はやはり陸上で生きるものであろう。陸上に棲《す》む哺《ほ》乳《にゅう》類や爬虫《はちゅう》類、両生《りょうせい》類などの体内にはたくさんの寄生虫が存在する。ヒトや家畜に寄生する種もいるが、それよりずっとたくさんの寄生虫が野生動物を住処《すみか》として暮らしている。また、空を飛ぶ鳥類も、陸上や樹上で捕食する小動物由来の寄生虫を有している。天井裏を走っているドブネズミ、民家近くに降りて生ゴミを散らかしているハシブトガラス、田んぼで鳴いているアマガエルにも、一個体に何種もの寄生虫が見られることがある。

ただし、普通に生活していればこれらの寄生虫を目にすることはない。体表や被毛《ひもう》をじっくり眺めたり、解剖《かいぼう》して内臓を調べない限り見ることができないからだ。

もっと小さな動物にも寄生虫はいる。近所の野原や公園では昆虫やカタツムリを見ることができるだろう。地面をほじくればダンゴムシやムカデ、ミミズの仲間もいる。それらの中にも寄生虫は存在する。休日に家を出て少し散歩してみれば、そこは寄生虫の楽園である。

陸上で暮らす動物は、険しい山や渓谷《けいこく》、川の流れによって土地が分断されることで、移動が妨げられることがある。翼もなく、遊泳能力も低い動物であれば、越えることができないので仕方がない。一つの種であっても、地理的に隔離されることで集団間の往来がなくなり、種分化《しゅぶんか》につながる。つまり別の種の生き物になってしまうことさえある。さらに、このように地理的に隔離された動物を宿主とする寄生虫もいる。

その場合、寄生虫も一緒に隔離されてしまう。ただし、中間宿主《ちゅうかんしゅくしゅ》を利用する寄生虫の場合、中間宿主が川や海へ出て遠くへ運ばれることもある。逆に、中間宿主に移動能力がなくても、終宿主《しゅうしゅくしゅ》が大陸間を渡ることのできる動物かもしれない。

私がよく行く北海道の公園には様々な動植物が生息している。遊具で遊ぶ子供たちや遊歩道を散歩する人が多く見られる。ただし、春にミズバショウが咲いたり、キツネが子育てしたりするので、本州の都会の公園とは少し趣が異なるかもしれない。この章で紹介する寄生虫は、この公園で誰にも気づかれることなく生きている種である。寄生虫の存在を認識してしまったら、普段の公園の散歩も一味違って感じられる。

近所の公園で新種を発見

大人になった今では気に留めることもなくなったけれど、子供の頃、カタツムリと戯《たわむ》れた記憶のある方は多いだろう。カタツムリは動きが遅くて行動範囲が狭い。これを宿主とする寄生虫もまた生息場所は限られる。乗り物（宿主）の移動が近場限定なので、乗客（寄生虫）も遠くまで行くことはできない。

例えば広東住血線虫《カントンじゅうけつせんちゅう》はネズミを終宿主、陸貝《りくがい》すなわちカタツムリやナメクジを中間宿主とする。感染幼虫を有する中間宿主をネズミが食べるとその肺動脈で成虫となる。ヒトに感染することもあり、この場合は成虫になることはできないが脳で炎症を起こすことにより神経症状が出現する。この寄生虫の乗り物であるネズミやカタツムリは移動能力の低い動物のため、寄生虫もそう遠くまでは行くことができないはずだ。しかし実際には、ドブネズミなどのヒトの生活圏《けん》で暮らしている小型動物は荷物と一緒に容易に運ばれるため、寄生虫も他の地域に拡散する。

吸虫類《きゅうちゅうるい》の多くは水棲《すいせい》の巻貝や二枚貝を第一中間宿主として利用することが多いが、陸貝を使うこともある。マイマイサンゴムシ（ブラキライマ・エゾヘリシス）という名の寄生虫もその一つである。マイマイサンゴムシは私がよく行く北海道の公園で初めて見つかり、二〇一七年に私たちの研究チームが新種記載した。近所の公園で新種を見つけることができるのである。

当時、チームのメンバーの一人がこの公園のアズマヒキガエルの寄生虫調査を行っていた(マイマイサンゴムシとは全く関係ない別の寄生虫である)。アズマヒキガエルはもともと北海道には生息していなかったが、誰かが持ち込んで野に放ったものが増え、今では広い範囲で繁殖が見られる。繁殖力が強いので、在来のエゾアカガエルの生息が危ぶまれるほどの勢いだ。

そのアズマヒキガエルの消化管から謎の吸虫が検出された。ただし、幼若《ようじゃく》であり生殖器の発達が不十分だったため、形態からの種同定が難しかった。DNA《ディーエヌエー》配列からはブラキライマ属の一種と推測されたが、未登録の配列であった。文献を調べたところ、ブラキライマ属は陸貝を第一および第二中間宿主、哺乳類や鳥類を終宿主とするらしい。おそらく、吸虫の幼虫はこの公園の陸貝に寄生しており、それを悪食《あくじき》のアズマヒキガエルが食べたものの、好適な終宿主ではなかったため成虫まで発育できなかったのだろう。

さて、次はこの寄生虫の正体が知りたくなるのが研究者である。このように、一つの寄生虫を追いかけていたつもりが他の寄生虫を見つけてしまい、それも調べる羽目《はめ》になってしまうことはよくあることだ。

次々と新種発見のマイマイサンゴムシ

まずは採集しやすい中間宿主を探し始める。近縁種が陸貝を中間宿主として利用していることは知られていたので、ターゲットは公園内の陸貝である。この公園には数種の陸貝が生息しているが、そのうちエゾマイマイからスポロシストを、エゾマイマイ、ヒメマイマイ、オカモノアラガイからメタセルカリアを発見した（これらが同じ種であることはDNAバーコーディングにより証明された）。つまり、エゾマイマイが第一中間宿主、エゾマイマイを含む複数の陸貝が第二中間宿主であった［図23］。

エゾマイマイ（マイマイサンゴムシの第一中間宿主）［図24］は北海道および東北に生息する大型の陸貝で、スポロシストはこの陸貝以外からは見つかっていない。宿主特異性がきわめて高いといえる。第一中間宿主であるエゾマイマイ（現在の学名はカラフトヘリクス・ガイネシだが、以前はエゾヘリクス・ガイネシとされていた）にちなんだ種小名《しゅしょうめい》となっている。

マイマイサンゴムシ（ブラキライマ）属の吸虫類は日本で九種知られているが、そのうち五種についてはDNAバーコーディングによって中間宿主が証明され、ライフサイクルが明らかとなっている。これら五種の中間宿主と終宿主を表1に示した。第一および第二中

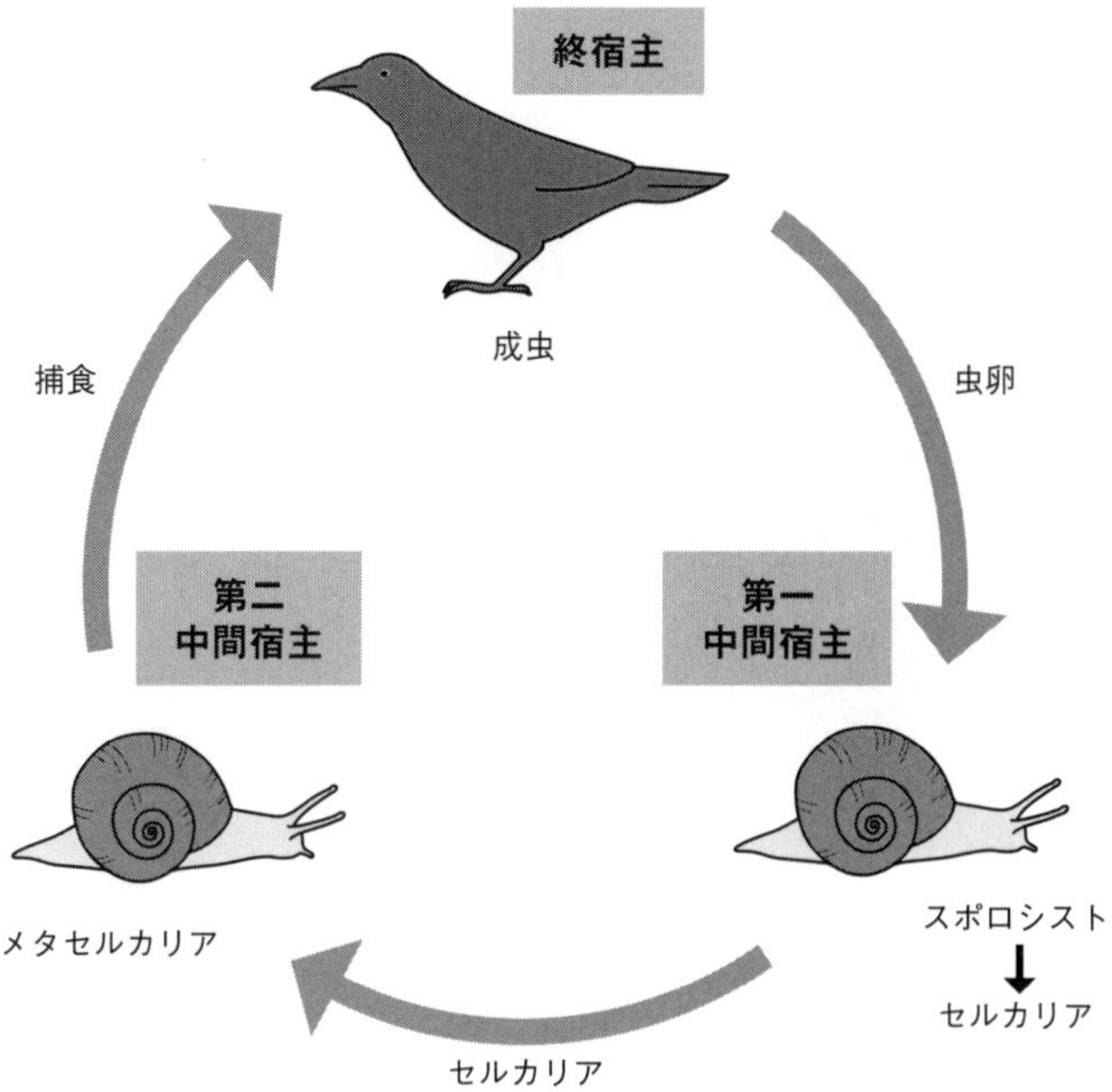

[図 23] マイマイサンゴムシのライフサイクル。第一中間宿主（エゾマイマイ）から第二中間宿主（エゾマイマイ、ときに他の陸貝も）へ移行するためには陸貝同士が集まる習性を利用し、第二中間宿主から終宿主へ移行するためには食物連鎖を利用している。中間宿主や終宿主は異なるが、マイマイサンゴムシ属の他の種も同様のライフサイクルを示す。

[図 24] エゾマイマイ。北海道ではよく見られる陸貝。大きいものでは殻径4cm ほどのものがいる。地面を這っていることが多く、木の幹や枝の高いところにはいない。

吸虫種	第一中間宿主	第二中間宿主	終宿主	文献
マイマイサンゴムシ	エゾマイマイ	エゾマイマイ	ハシボソガラス	Nakao et al., 2017；佐々木・中尾、2021
パツラマイマイサンゴムシ	パツラマイマイ	パツラマイマイ、ヒメマイマイ、オカモノアラガイ	エゾヤチネズミ、エゾアカネズミ、ヒメネズミ	Nakao et al., 2018
オカモノアラガイサンゴムシ	オカモノアラガイ	オカモノアラガイ	不明	Nakao et al., 2020
キノボリマイマイサンゴムシ	サッポロマイマイ、ハコネマイマイなど	サッポロマイマイ、ハコネマイマイ、エゾマイマイなど	不明	Waki et al., 2020；脇ら、2022
キセルガイサンゴムシ	ヒカリギセル、ツシマケマイマイなど	ヒカリギセル、ツシマケマイマイなど	不明	Waki et al., 2022；脇ら、2022

[表 1] 吸虫五種の中間宿主と終宿主。それぞれの吸虫種に対して、第一中間宿主が決められている。第二中間宿主は第一中間宿主と同じか、加えてそれ以外の種を含む。

間宿主はいずれも陸貝である。第一中間宿主に対する特異性があり、それぞれの寄生虫種によって好んで寄生する陸貝が異なる。

マイマイサンゴムシ属吸虫の第一中間宿主に対する特異性は高い場合もあるしそうでもない場合もあるが、第二中間宿主に対する特異性は比較的低いようである［表1］。つまり、第一中間宿主に加えて、他の陸貝も第二中間宿主となる場合が多い。

ここで、幼虫が第一中間宿主から第二中間宿主へどうやって移動するのかという疑問が生じるだろう。虫卵を取り込んだ第一中間宿主の肝膵臓《かんすいぞう》（サザエやツブ貝を食べるときに「肝《きも》」と呼んでいる、殻の奥の部分）で幼虫は分裂を繰り返しスポロシストというステージに発育する［図25］。スポロシストは内部にセルカリアと呼ばれるさらに小さな幼虫を無数に作り出す（無性生殖）。セルカリアは陸貝の体外に排出され、その通り道に粘液とともにばらまかれる［図26］。陸貝は雌雄同体《しゆうどうたい》で交尾相手を求めて徘徊《はいかい》するので、その通り道には別の個体がついてくる。セルカリアで汚染された植物をなめたりかじったりしながら歩いている間に、その個体は第二中間宿主になっている。したがって、第一中間宿主と同じ種の陸貝が第二中間宿主になる可能性が高いが、偶然その他の陸貝がやってきた場合も感染するのだろう。

幼虫は第二中間宿主の腎臓《じんぞう》などの臓器で少し大きくなり、メタセルカリアというステー

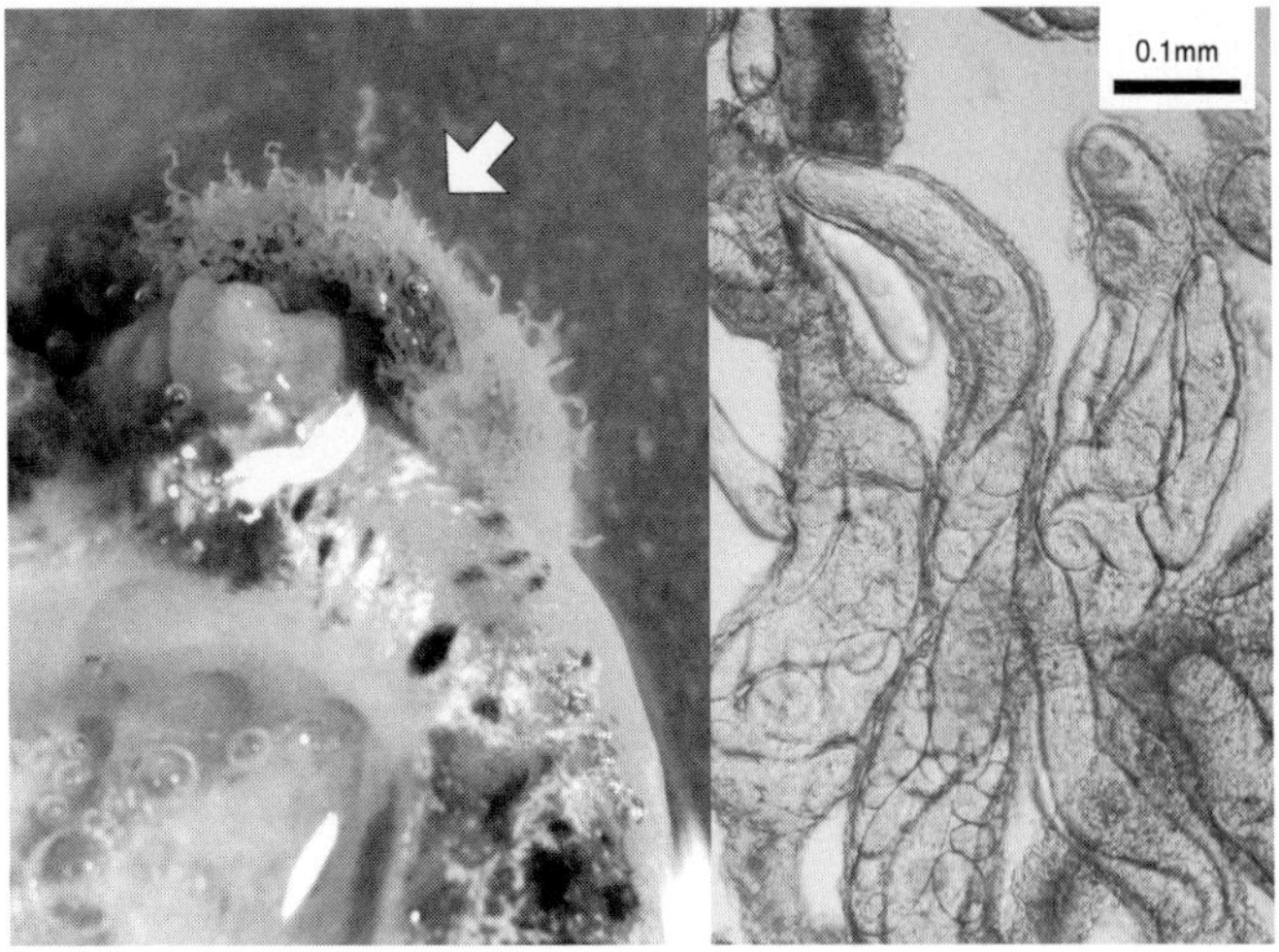

[図 25]　マイマイサンゴムシのスポロシスト。左の写真はスポロシストが寄生したエゾマイマイの肝膵臓（矢印のところ）。正常な組織がなくなり、そのかわりにモヤモヤとした細かいサンゴのようなものが見える。このモヤモヤをじっと見ていると少しだけ動いているのが分かる。右の写真はモヤモヤを顕微鏡で拡大したもの。内部にさらに小さな幼虫（セルカリア）がたくさん入っている。

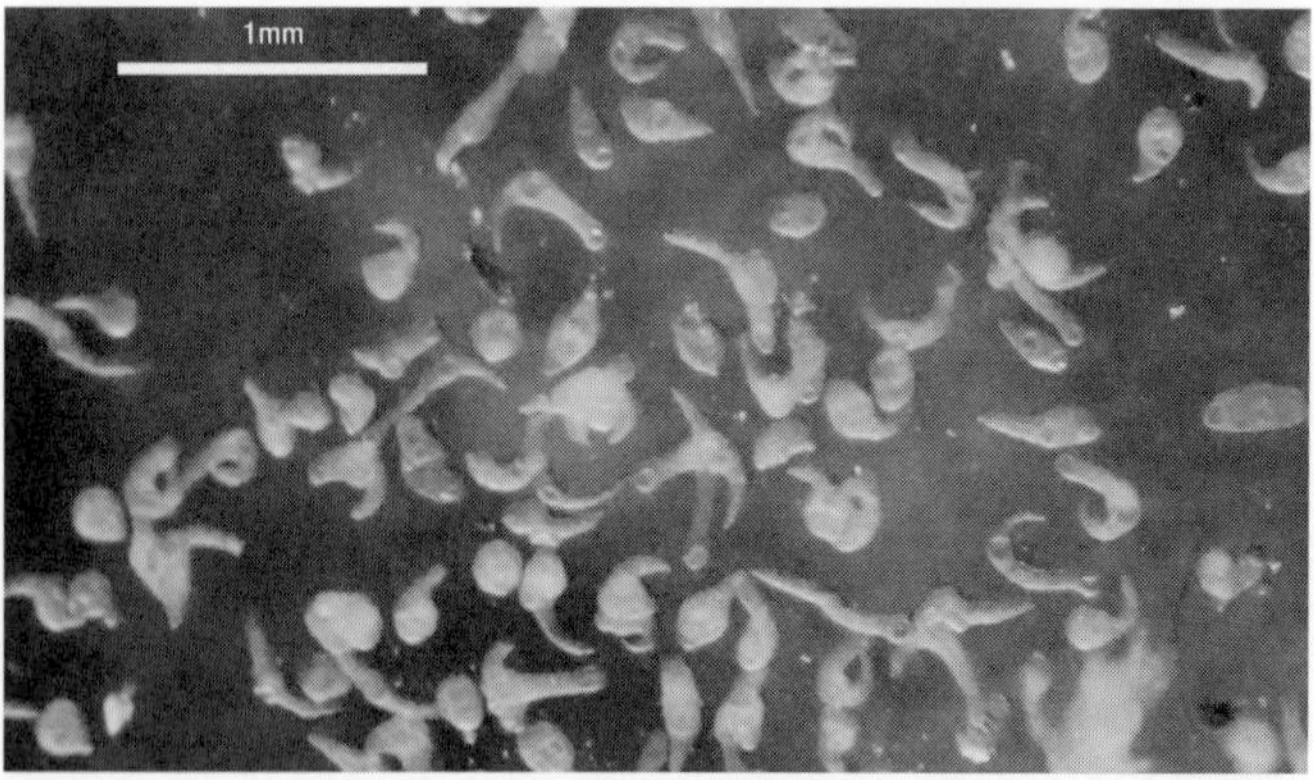

[図 26] マイマイサンゴムシのセルカリア。スポロシスト内部に作られたたくさんのセルカリアは、エゾマイマイ（第一中間宿主）の通り道に粘液とともにばらまかれる。ここを別の個体（第二中間宿主）が通ればセルカリアが取り込まれ、その個体の腎臓でメタセルカリアとなる。

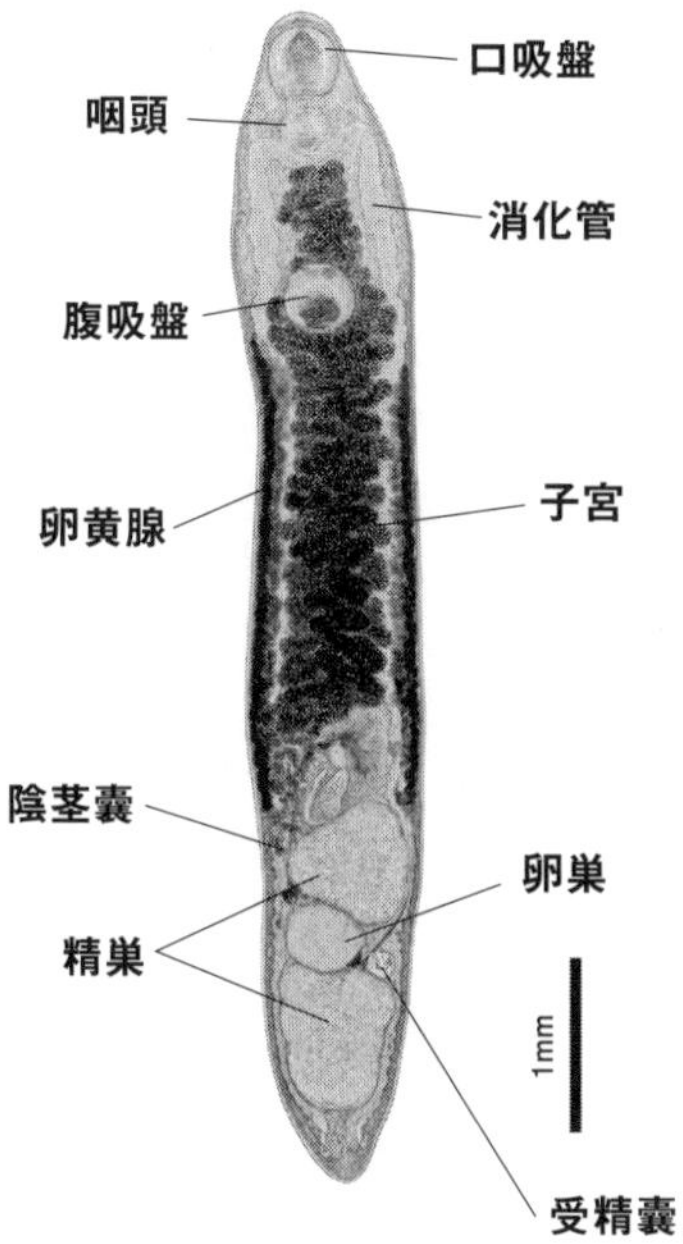

[図 27] マイマイサンゴムシの成虫。体の中央の黒い部分が子宮で、その中に虫卵が充満している。マイマイサンゴムシは私が初めて新種記載に関わった種で、私のスケッチが初めて論文に使われた種でもある。そのため、私にとってはマイマイサンゴムシが吸虫の基準であると言っても過言ではない。吸虫には吸盤が一つだけだったり陰茎がなかったりと変則的なものが多いのだが、マイマイサンゴムシは重要な器官をほぼ全て備えているので、これが基準でよかった。

ジになる。メタセルカリアは成虫になる準備ができている幼虫で、適切な終宿主に取り込まれれば成虫となって生殖器を成熟させ、産卵を開始する［図27］。

適切な終宿主もまた寄生虫種によって異なる。マイマイサンゴムシの成虫はハシボソガラスから見つかっているが、野ネズミを調査しても見つからない。

一方、パツラマイマイサンゴムシの成虫は野ネズミの小腸に寄生している。マイマイサンゴムシとパツラマイマイサンゴムシは現在北海道においてのみ存在が確認されている。第一中間宿主に対する特異性が高く、加えて終宿主の移動能力が低いために分布域が限られている可能性がある。

これに対してキノボリマイマイサンゴムシは日本全国に広く分布している。この種は複数の陸貝（ただしマイマイ属の陸貝に限られるようだ）を第一中間宿主として利用する。これらはいずれも樹上生活性の陸貝である。終宿主は未だ明らかになっていないが、樹上で陸貝を捕食する鳥類や哺乳類ではないかと想像できる。第一中間宿主に対する特異性がそこまで高くないことに加え、終宿主が北海道と本州の間を渡る鳥類であれば、パツラマイマイサンゴムシと比べて分布域が広いのも頷《うなず》ける。

日本産マイマイサンゴムシ属吸虫九種の中で、正式な和名がつけられているものは五種である。最初につけられたのはエゾマイマイを第一中間宿主とする「マイマイサンゴムシ」である。しかし、その後次々と新種が記載された（ほぼ同じ研究チームによる仕事で、私も参加している）。二回目以降はパツラマイマイサンゴムシ、キノボリマイマイサンゴムシといったようにそれぞれ第一中間宿主にちなんだ和名がつけられた。そうなると、最初の「マイマイサンゴムシ」を「エゾマイマイサンゴムシ」にしたかったな、と思う。最初はこんなにたくさん新種が見つかると想定していなかったので仕方ない。

ちなみに、陸貝から得られたメタセルカリアのDNAバーコーディングにより、表で示したものとは異なる種が複数見つかっている。その中には未記載種が存在する可能性もあり、今後も○○マイマイサンゴムシが増えるかもしれない。

緑色の縞模様が動く様子に感動

数年前からSNSに寄生虫の画像を投稿し、一部の方々に気に入っていただいている。その中で最も人気なのはロイコクロリディウムである。緑色の縞《しま》模様がカタツムリの触角でぐりぐりと動く様子は、好きな人にはたまらないらしい【図28】。私も初めて野外で見つけたときは感動して叫び声をあげてしまった。

ロイコクロリディウムもマイマイサンゴムシと同じく吸虫の仲間であり、どちらもブラキライマ上科《じょうか》（上科とは科の上に設けられた階級である）という大きなグループに属する。このグループに属する種は陸貝を中間宿主として利用することが多い。

マイマイサンゴムシの第一および第二中間宿主がどちらも陸貝であることはすでに述べた。ロイコクロリディウムも陸貝を中間宿主とするが、第二中間宿主は必要ない［図29］。本来第二中間宿主の体内で進む発育も第一中間宿主の体内で済ませてしまう。つまり、第一中間宿主が虫卵を取り込んでその体内で幼虫が発育し、これが終宿主である鳥類に取り込まれれば成虫になる。

吸虫は二つの中間宿主と一つの終宿主を必要とすることが多いから、それに比べるとロイコクロリディウムのライフサイクルは少し特殊である。第二中間宿主を省略してライフサイクルを短縮化した形である。

ロイコクロリディウムの幼虫はオカモノアラガイの中腸腺《ちゅうちょうせん》あたりから発生するのだが、一つの虫卵から孵化《ふか》した幼虫（ミラシジウム）が細胞分裂を繰り返して発育し、白い紐《ひも》状《じょう》の物体（スポロシスト）が枝分かれしながら伸びてくる［図30］。最初は白くて細いが内部に空間ができ膨《ふく》らんでくる。さらにはなぜか外側が徐々に緑や黄に色づいてくる。一番大きいものが最初に色づいて、くっきりした模様が現れた頃にはオカモノアラガイの眼柄《がんぺい》に出現する。カラフルな袋の中には小さな粒が一〇〇個以上入っている［図31］。

この粒は幼虫で、袋の中でセルカリアからメタセルカリアまで発育し、一粒が将来一匹

[図 28] 北海道で採集した感染オカモノアラガイ。上の個体はロイコクロリディウム・パラドクサム（緑）、下の個体はロイコクロリディウム・パーツルバタム（オレンジ）のブルードサックが左右両方の眼柄に見られる。白黒写真では鑑別できないと思うかもしれないが、色だけではなくて模様も異なるので見分けがつく。ロイコクロリディウム・パラドクサムは横縞に切れ目が入ったり、色の濃い部分がレンガ状に組み合わさった部分を持つため、より複雑な模様に見える。一方、ロイコクロリディウム・パーツルバタムは横縞が比較的滑らかで、あまり途切れない。複数の種が混合感染した例も報告されている。左右で異なる色のブルードサックが動いている個体を一度見てみたいものだ。

の成虫になる。始まりは虫卵《ちゅうらん》一個だったはずなのに、いつの間にか一〇〇匹以上の幼虫ができている。幼虫の詰まった袋はブルードサック（由来が同じ「一腹の」幼虫が入った袋という意味だろう）と呼ばれている。ブルードサックは奥からどんどん出芽してくる。

私の経験では、色づいたサックが最多で一〇袋得られたことがある。これらは根もとで全てつながっており、それぞれにぎっしりと幼虫が詰まっていた。サックの中の幼虫は合わせて一〇〇〇個体以上いただろう。これだけいるとオカモノアラガイの体の中はロイコクロリディウムの幼虫でぎゅうぎゅうである。しかし、これが軟体動物の懐《ふところ》の深さというか、柔らかな体で寄生虫を許容している。

「感染したオカモノアラガイはロイコクロリディウムに乗っ取られてゾンビ化する」という噂《うわさ》がささやかれているが、私が観察した限りでは、オカモノアラガイにそれほど大きな害はないように思う。ゾンビ化の定義がよく分からないので何とも言えないが、特におかしな行動を示すこともなくレタスやニンジンを食べて過ごしている。

感染オカモノアラガイが植物の上のほうにいることが多いという報告があるため、「ゾンビ」と化して寄生虫に操られていると思われているのかもしれないが、ロイコクロリディウム幼虫が宿主を操作している証拠は見つかっていない。

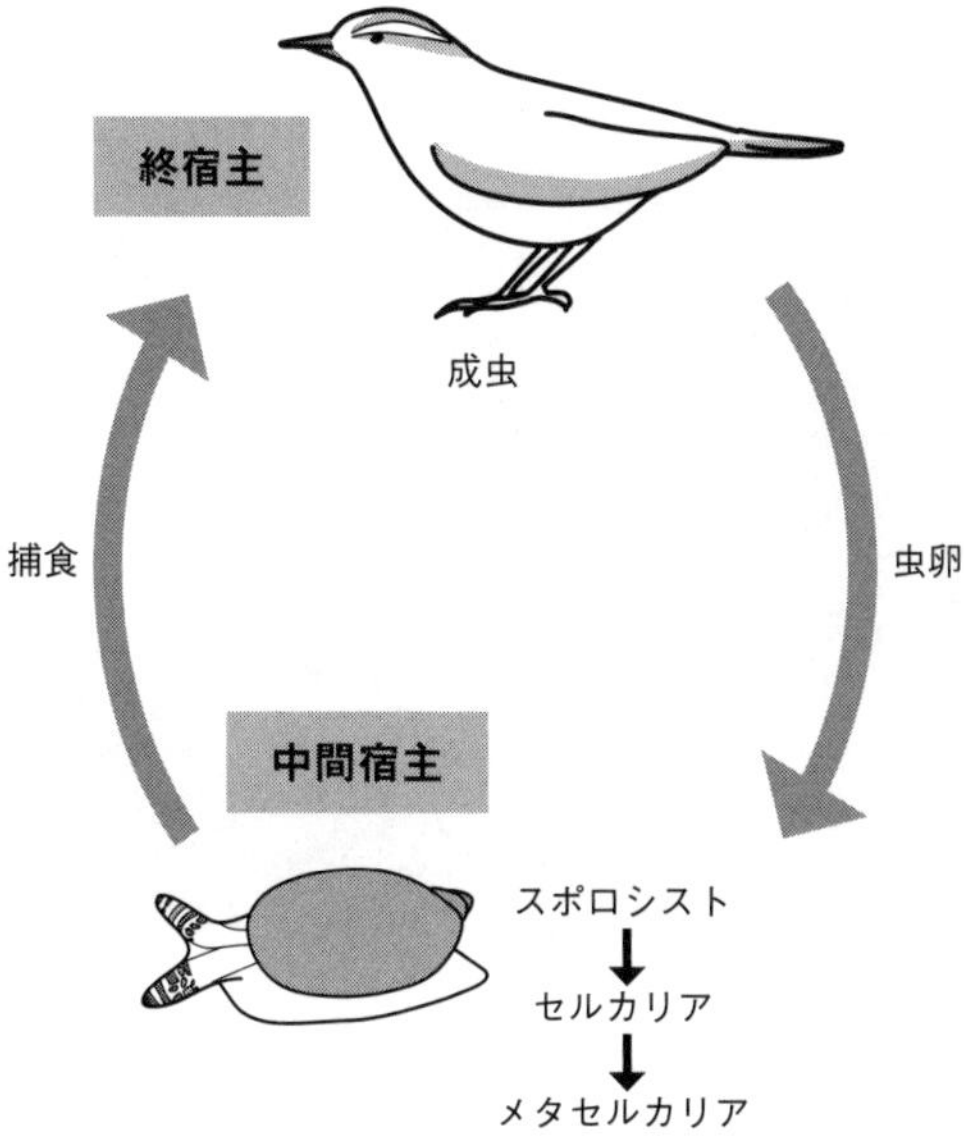

[図 29] ロイコクロリディウム属吸虫のライフサイクル。ロイコクロリディウム・パラドクサム、ロイコクロリディウム・パーツルバタムおよびロイコクロリディウム・パッセリの終宿主はそれぞれおもにムシクイ類、ツグミ類、スズメ類とおおまかな宿主特異性があるようだ。中間宿主はオカモノアラガイ（沖縄ではリュウキュウオカモノアラガイなど）。中間宿主の体内にできたスポロシスト（ブルードサック）の中でメタセルカリアまで発育してしまう。マイマイサンゴムシの中間宿主を一つ省略したようなライフサイクルである（[図 23] 参照)。同様に第二中間宿主を省略するものに日本住血吸虫などがあるが、省略の方法が異なる（[図 8] 参照)。

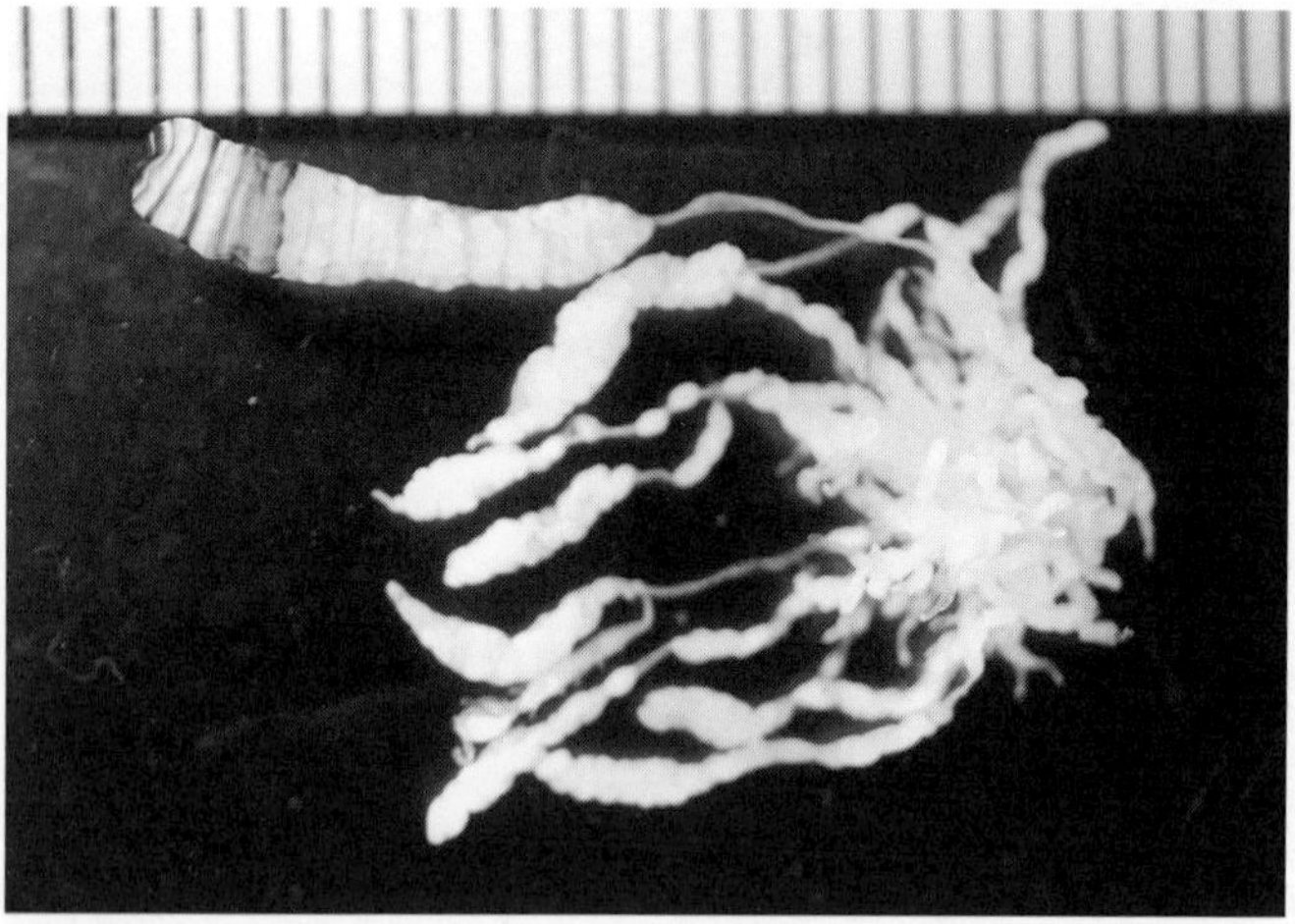

[図 30] オカモノアラガイから摘出したロイコクロリディウム・パーツルバタム幼虫。もやしのような白い袋が無数に伸びており、根もとはつながっている。その内側に粒（メタセルカリア）が入っているのが透けて見える。1 本だけ色づいており、これが眼柄に出現していた。1 目盛りは 1mm。

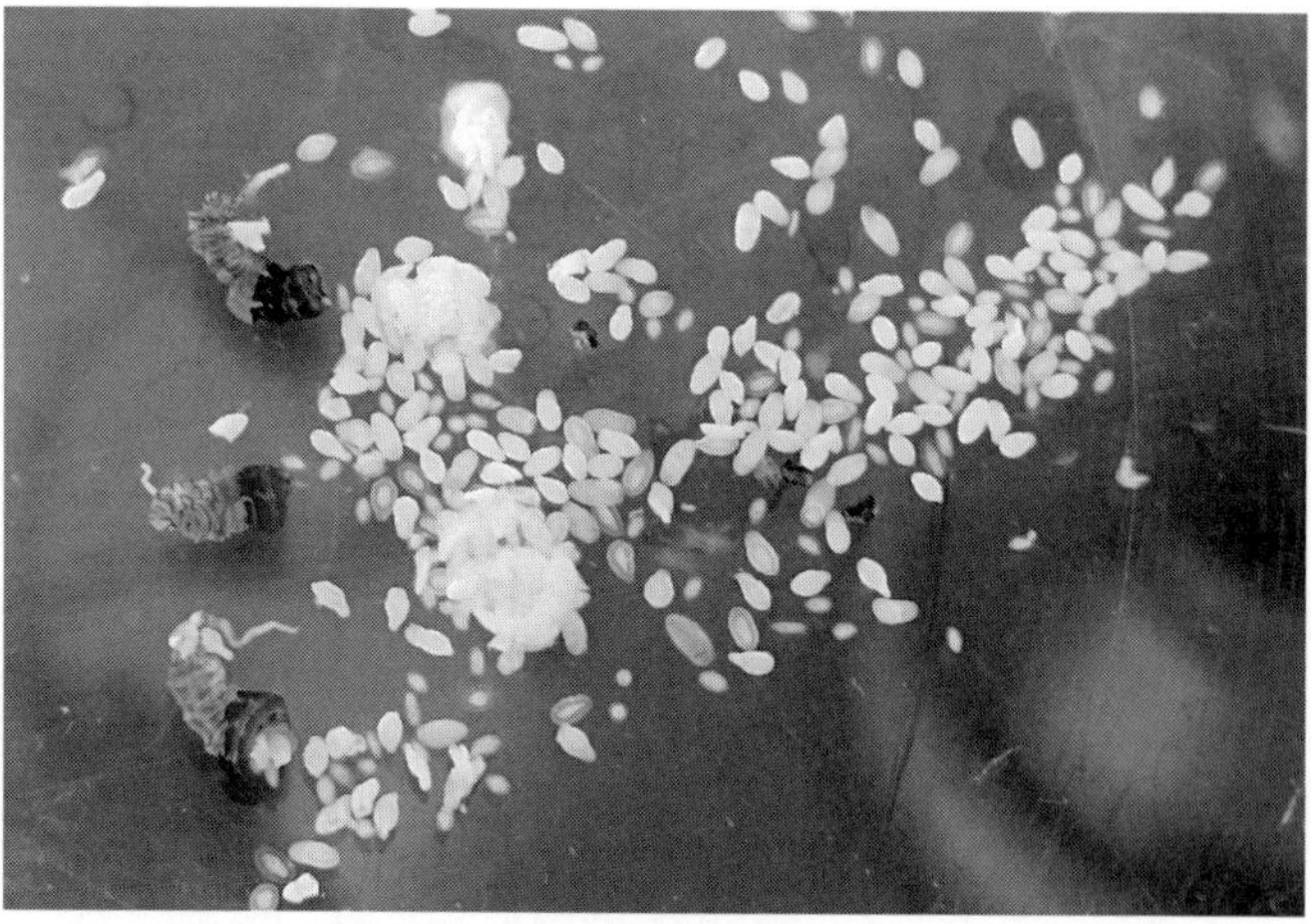

[図 31]　ロイコクロリディウム・パラドクサムのブルードサックを破いたところ。中から米粒のようなメタセルカリアが大量に出てくる。メタセルカリア一つ一つはゼリー状の物質に包まれており、運動能力はない。

食べてもらえるように猛アピール

感染による影響として最も大きいのは生殖能力の低下だろう。感染オカモノアラガイの体はロイコクロリディウム幼虫に占領され、産卵数が著しく低下したり、産卵しなくなったりする。卵巣が発達するスペースが物理的になくなるのか、寄生虫由来の物質による生殖の抑制が起こっているのかは不明である。いずれにしても、オカモノアラガイは自分の卵のかわりに寄生虫を育てているようなものである。

無事にオカモノアラガイの眼柄《がんぺい》に現れることができたロイコクロリディウム幼虫は、さかんに動きながら終宿主である鳥類に食べられるのを待つ。内部寄生虫の多くは幼虫のステージであっても白色の体で宿主体内や体表に寄生して目立つことは少ない。だがロイコクロリディウムは例外で、派手な色柄と動きで猛アピールする。色や模様が昆虫の幼虫のように見えることから、鳥類のエサとなる動物をまねた擬態《ぎたい》の一つであるという説もある。

擬態というのは「敵に食べられないように」目立たない体色になったり、毒を持つ他の動物種の形態に近づいたりということが多いのだが、「食べてもらえるように」アピールするのは特殊な擬態である。ロイコクロリディウムと同じように陸貝と鳥類を利用する吸虫は他にもいるが、それらは妙な擬態などせずに陸貝の体の奥で終宿主に取り込まれるのをおとなしく待っているので、擬態が必要なのか疑問に思ってしまう。

ただし、急いで終宿主の体に侵入する必要がある場合には、擬態が役立つかもしれない。ロイコクロリディウムは第二中間宿主を省略してライフサイクルを短縮化したため、第二中間宿主の体内で休眠することがなくなり、幼虫でいられる時間が短いのかもしれない。それならば、袋の中に幼虫ができたら速やかに終宿主に食べられるのが望ましく、色と動きのアピールも役に立つのではなかろうか。真相は不明だが、幼虫でいられる期間については、感染実験により明らかにして、他の種と比較したいところである。

多彩な柄と色を持つロイコクロリディウム幼虫

ところで、当たり前のように「ロイコクロリディウム」と呼んでいるが、これはロイコクロリディウム属に含まれる吸虫をまとめて指している。つまり、「ロイコクロリディウム」と呼んでいるものの中にも何種か存在している。

一般的に、吸虫の種同定は成虫の形態に基づいて行われる。ロイコクロリディウムの成虫は二つの吸盤を持ち、体の下方に精巣と卵巣を有している［図32］。体の大半を埋め尽くすゴマ粒のようなものは虫卵である。成虫は緑やオレンジ色の色素を持たず、他の一般的な吸虫と同様、白い。ロイコクロリディウム属であれば異なる種であっても成虫はほとんど同じ大きさや形をしていて、専門家でも見分けがつかない(少なくとも私にはみな一緒に見える)。

しかしおもしろいことに、陸貝の眼柄に現れる袋の色や柄は、ロイコクロリディウムの種によって異なる。それぞれ緑やオレンジ、赤などの色を使って横縞《よこじま》、縦縞、ドットを描き、独自の柄を作っている。この色柄が陸貝の外側から見えるおかげで、解剖せずとも、専門家でなくても、容易に種を同定できる寄生虫である。

日本には四種のロイコクロリディウム属吸虫が存在する。北海道で二種、沖縄で一種、そして本州で一種報告があり、これら四種は全て別の種とされる。北海道に住む私が出会うことができるのはロイコクロリディウム・パラドクサムとロイコクロリディウム・パーツルバタムである[図28]。前述のとおり、これらはオカモノアラガイに感染しているときの色柄で種を判別することができる。

前者は濃淡の緑色や焦茶《こげちゃ》色の横縞(場所によっては途切れている)に加えて先端に赤茶色のドットがあり、いかにも「アオムシです」といった見た目である。後者はオレンジ色の縞を持ち、少し地味である。どちらも和名はないが、北海道であれば「緑のほう」「オレンジのほう」で通じる(かもしれない)。いずれもユーラシア大陸に広く分布している。

私たちの調査ではこれら二種は北海道内ならおおむねどこでも存在している。大陸から

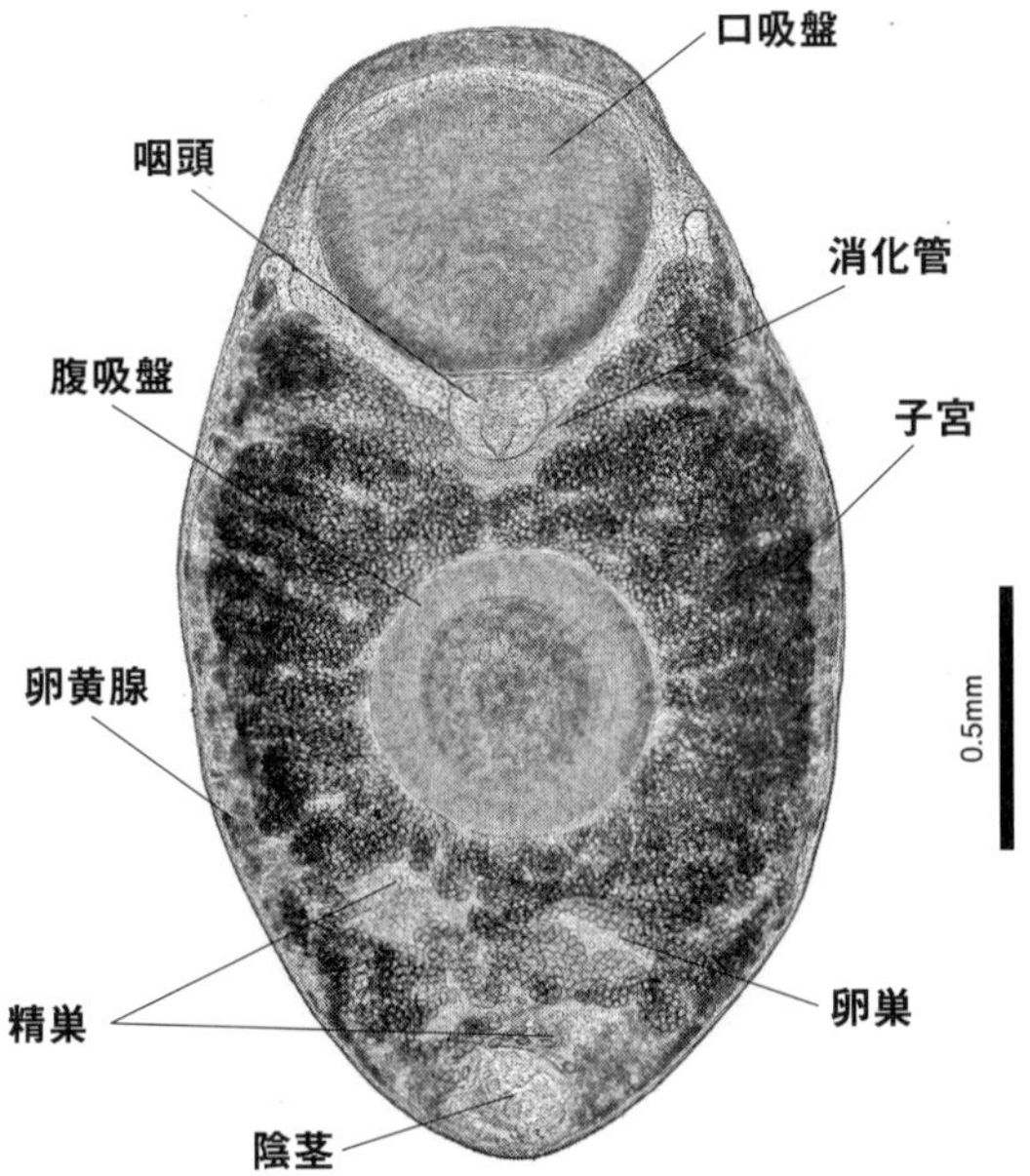

[図 32] ロイコクロリディウム・パーツルバタム成虫（ハイデンハイン鉄ヘマトキシリン染色）。終宿主の総排泄孔付近に寄生する。1 個体の感染オカモノアラガイを食べると数百のメタセルカリアを摂取することになるため、総排泄孔付近に 100 個体以上の成虫がぎっしりと寄生する。時間がたてば寿命を迎え、脱落していき数を減らす。

渡ってきた鳥類が北海道で排泄《はいせつ》した場合、オカモノアラガイに感染することもあるのだろう。あるいは北海道で感染した鳥類が大陸に持っていくこともあると思われる。

沖縄にはこれらとは別の種、ロイコクロリディウム・パッセリが分布する。緑の横縞、茶色と白のドットに加え、赤い縦縞を持つ。この種はもともと台湾で報告されており、最近、DNA解析に基づいて、台湾のものと日本のものが同じ種であることが証明された。沖縄以南に分布する種なのであろう。

長く伸びる日本列島の北と南で別の種が存在しているのはおもしろい（国境を意識しているのは人間だけなのだから当たり前なのだが）。さらに、私たちのチームが報告した四種目は東北で見つかったものでロイコクロリディウム・パッセリによく似ているのだが、DNA配列が異なり、別種であると考えている。ブルードサックの柄や幼虫の大きさがロイコクロリディウム・パッセリとわずかに異なる。成虫が未だ見つかっていないので名前はついておらず、*Leucochloridium* sp.《ロイコクロリディウム・エスピー》（ロイコクロリディウム属の一種）として扱っている。

一九三五年に本州で山口左仲《さちゅう》博士（前述したとおり寄生虫の神様のような方である）がロイコクロリディウム・シメという種を記載しているが、この種は現在では有効ではなく、ロイコクロリディウム・パーツルバタムとして扱われている。もしこれが東北のオカモノアラガイから見つかった四種目の成虫だとすれば、ロイコクロリディウム・シメの復活もあり得る。

ロイコクロリディウム・シメはその名のとおり、シメという鳥から発見され記載されたものである。今後シメから成虫が得られて、ＤＮＡ解析により同じものだと証明されればこれほど幸せなことはない。

第二章でも紹介したが、この全国的な調査は市民科学の力を借りて行った。すなわち、解剖しなくても誰でも認識できる特性を利用して、一般の方に向けて野外での目撃情報を募った。その結果、たくさんの写真付きの情報を提供していただき、日本におけるロイコクロリディウム属吸虫の分布が明らかとなった。さらに、東北で見つかった種は発見した方がＳＮＳを通じて知らせてくださり、その後サンプル採集においても大変お世話になった。奇妙な寄生虫の調査に快く協力してくださった皆様には感謝の気持ちでいっぱいである。

ロイコクロリディウムのブルードサックに鮮やかな模様が現れる仕組みは分かっていない。緑やオレンジの色素を持つ寄生虫は他におらず、この色素は宿主由来の可能性が高いのではないかと私は思っている。緑、赤、黄色はいかにも植物由来らしい色合いである。オカモノアラガイが食べる植物の色素を袋に沈着させ、模様を描いているのではないだろうか。何らかのタンパク質と色素が結合し、そのタンパク質が縞模様に発現していたりして。さらに、種によって異なる色が異なる鳥を引き付け、終宿主として利用している可能性も……などと想像すると心が躍るが、仮説の証明にはたくさんの検体が必要で、つまり感染実験を成功させてロイコクロリディウム幼虫の入った袋を大量に生産しなくてはならない。

博物館の学芸員でもある共同研究者は大量の感染オカモノアラガイを展示するのが夢だそうだ。それぞれ奇妙な夢を語り合って、それを実現するために実験するのは楽しいことだ。

気が遠くなる感染実験

課題となるのは感染実験である。実験室内で卵から幼虫まで発育させ、さらにウズラなどの実験動物を用いて成虫や卵を得ることができれば多くの情報が得られるはずである。たくさんの感染オカモノアラガイを使って、各ステージの発育に要する時間を知ることもできる。本当に宿主操作がなされるのか検証することもできる。

私たちはこれまでに何度か感染実験を試みた。まず、野外で採集したロイコクロリディウム感染オカモノアラガイから幼虫の詰まった袋を取り出し、ウズラに与える。ウズラは意外とすんなり食べたが、普段からミルワームなどを与えていれば好んで食べるようになると思う。そのまま一か月ほど飼育し、便《べん》を採取して虫卵が含まれているか確認する。この便を水でといて小さい容器に一滴垂らし、感染していないオカモノアラガイを一晩入れておく。二か月ほどしてオカモノアラガイの眼柄に幼虫が現れたら感染実験成功である(忘れた頃に現れるのでびっくりする)。

私たちは二回ほどオカモノアラガイへの感染に成功したが、維持するには至っていない。なぜなら実験以前にオカモノアラガイをたくさん飼育するのが意外と難しいからである。一つの容器で飼育すると、原因は不明だが急に元気がなくなって全滅することがある。かといって個別に飼育すると世話に何時間もかかる。

幸い、オカモノアラガイの飼育が上手な共同研究者が実験用の個体を準備してくれたのだが、ウズラの糞便《ふんべん》を与えると細菌が増えるのかｐＨ《ピーエイチ》（ｐＨとは酸性かアルカリ性かを示す尺度であり、どちらかに傾くことで、オカモノアラガイに悪影響を与えてしまう可能性がある）が合わないのか、一晩でオカモノアラガイが弱って、多くが数日で死んでしまう。また、虫卵の数が少ないせいか、たとえ生き残っても感染率が低いのが悩みである。虫卵の与え方には改良が必要なようだ。

そもそも、「感染していないオカモノアラガイ」はオカモノアラガイの卵を孵化させるところから飼育しなければならず、殻の大きさが一ミリほどの稚貝《ちがい》を一センチになるまで育てるだけでせっかちかつ大雑把《おおざっぱ》な私は気が遠くなる。

オオグチムシは「偽」ロイコクロリディウム

ロイコクロリディウムやマイマイサンゴムシと同じくブラキライマ上科に、シュードロイコクロリディウムという属が存在する。「シュード」とは、「偽の」という意味を持つ接頭語である。したがって、「偽ロイコクロリディウム」という意味になる。シュードロイコクロリディウム属吸虫も陸貝を中間宿主として利用するが、幼虫が眼柄に出現することはない。

本属の一つ、オオグチムシは北海道に分布する寄生虫で、終宿主はオオアシトガリネズミやエゾトガリネズミなどである。トガリネズミ類は第一章でセントロリンクス・エロンガータスの待機宿主として登場したが、オオグチムシにとっては終宿主となる。

オオグチムシは中間宿主を二つ必要とし、一つ目はヒメマイマイ、二つ目はヒメマイマイを含む複数の陸貝が利用される［図33］。幼虫は眼柄に現れないし、ライフサイクルも異なるのにどこが「偽」ロイコクロリディウムなのだろうか。似ているのは成虫の形態である。図34に示すように大きな口吸盤《こうきゅうばん》（オオグチムシの和名の由来である）と腹《ふく》吸盤、生殖器の位置、全体のフォルム。まるでロイコクロリディウム属である。ただし、子宮（虫卵が

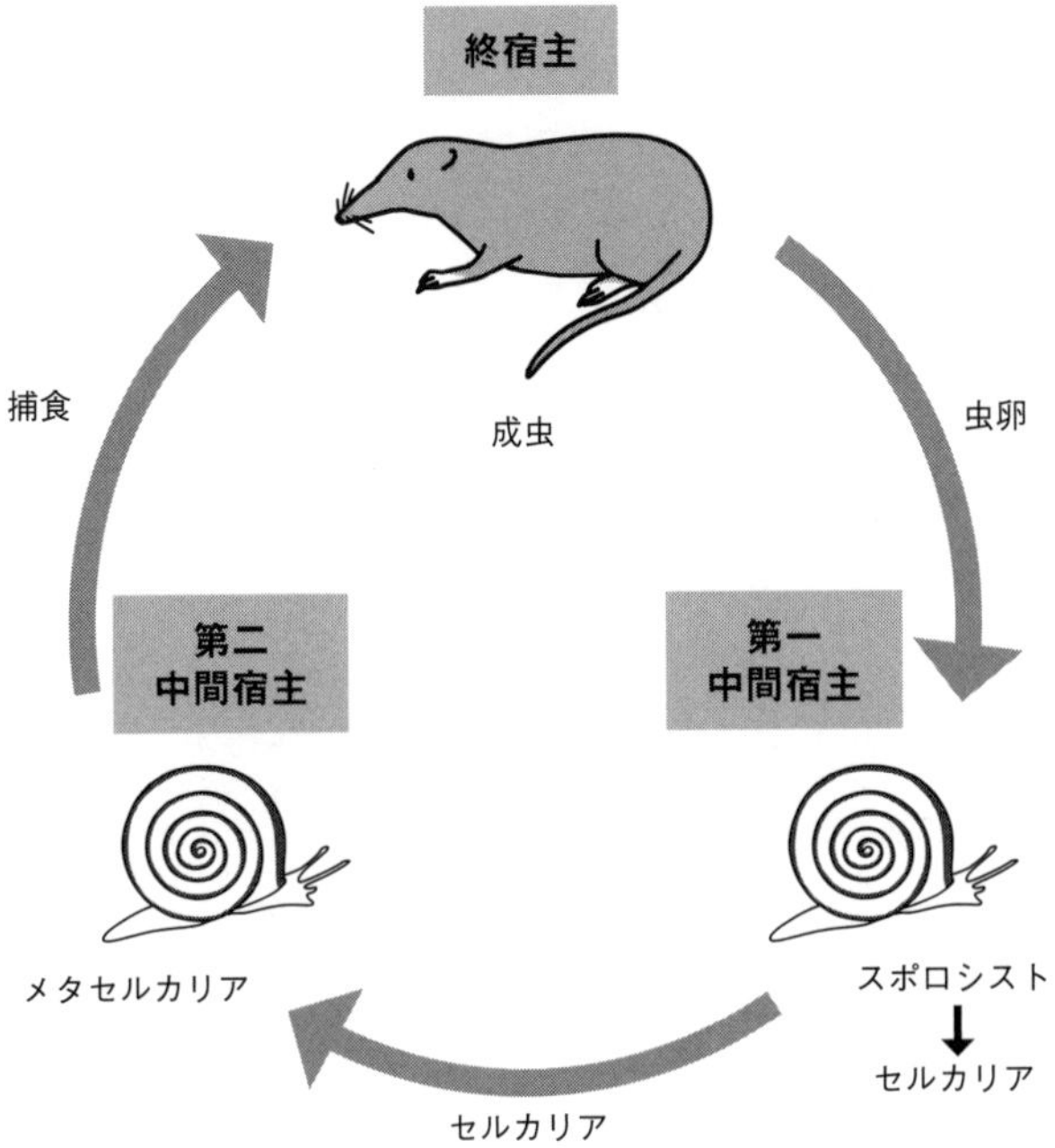

[図33] オオグチムシのライフサイクル。マイマイサンゴムシ [図23] とよく似ている。第一中間宿主（ヒメマイマイ）、第二中間宿主（ヒメマイマイその他陸貝）、終宿主（トガリネズミ類）の全てが陸棲で、移動能力が低い。そのため、寄生虫も遠くまで拡散することは難しい。メタセルカリアは第二中間宿主の囲心腔（心臓の周りの隙間）に寄生する。体液を全身に送り出す部位の近くは栄養豊富だからなのか。

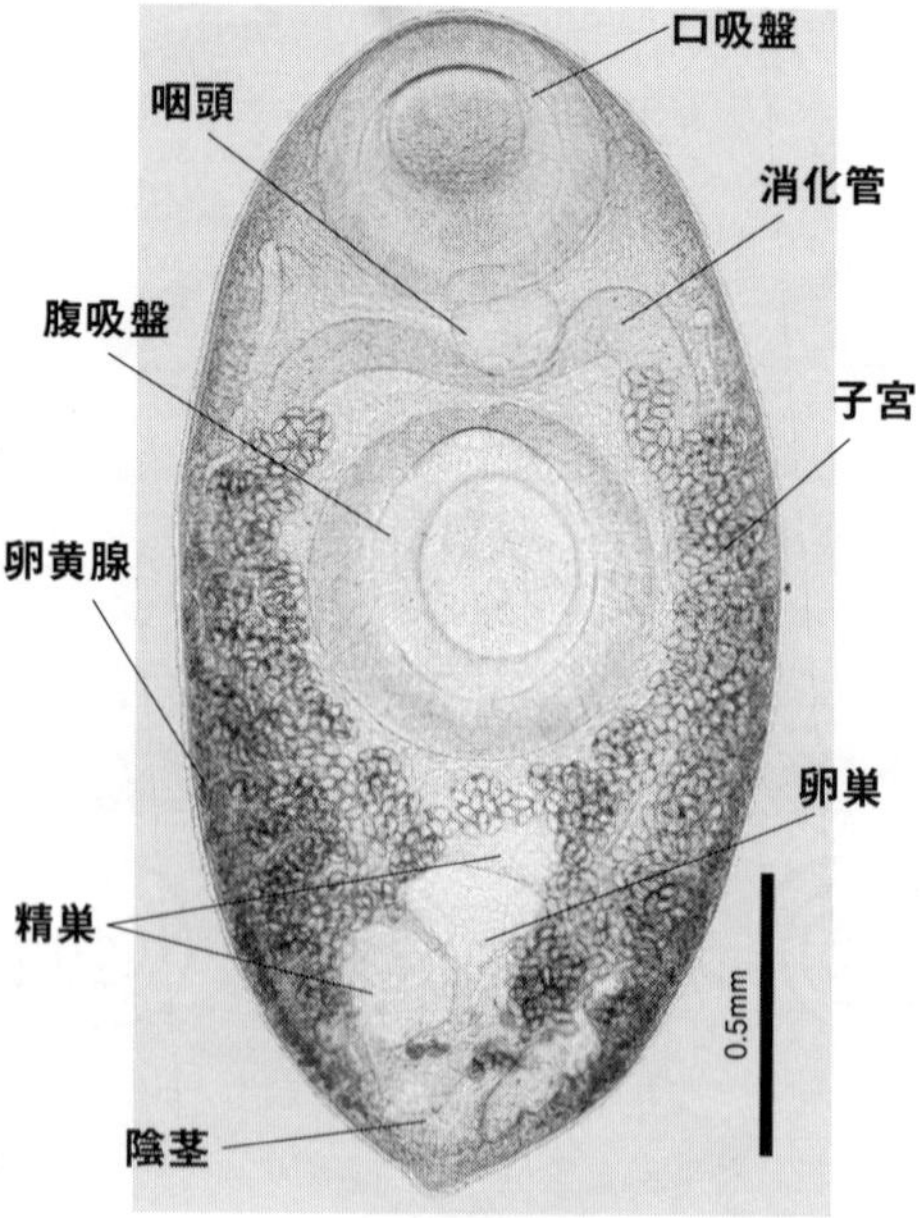

[図 34] オオグチムシの成虫（ハイデンハイン鉄ヘマトキシリン染色)。大きな吸盤、体の後方にある生殖器など、器官の配置がロイコクロリディウム属によく似ている（[図 32] と比較されたい)。シュード（偽）ロイコクロリディウムという名の所以である。卵の入った子宮がM字状に走行する点でロイコクロリディウム属と区別される。

詰まっている部分）の走行方向が少し異なっており、ロイコクロリディウム属は腹吸盤の周りをぐるりと囲むのに対し、シュードロイコクロリディウム属はM字状に二回上下に走行する。

成虫の姿はこんなにも似ているが、ロイコクロリディウム属とシュードロイコクロリディウム属は科のレベルで異なる動物であることが遺伝子解析の結果からも証明されている。

特殊能力を有する小形条虫

家屋を住処とするハツカネズミやドブネズミなどは植物、動物の死骸、昆虫、そして生ゴミなど様々なものを食べて生きている。そのうち、昆虫などの節足《せっそく》動物は条虫類の中間宿主としてよく利用される。ネズミを終宿主とする条虫のうち、小形条虫《こがたじょうちゅう》や縮小条虫《しゅくしょうじょうちゅう》はヒトにも感染することがあるためよく知られている。

コクヌストモドキやゴキブリなどの昆虫を中間宿主とし、昆虫の体内では丸い頭節に着ぐるみを着せたような何とも奇妙な形で休眠している［図35］。このステージをシスチセルコイド（擬嚢尾虫《ぎのうびちゅう》）と呼ぶ。

幼虫を保有した昆虫がネズミに食べられると小腸で成虫、すなわち白くて長いサナダムシになる。成虫とシスチセルコイドは似ても似つかない形をしているが、頭の部分をよく見るとどちらも同じく四つの吸盤と細かなフックがついている。頭の部分だけが先に完成していて、終宿主に侵入したあとはそれより下の部分が伸びるだけである。

下の部分は多くの節《ふし》（片節《へんせつ》）からなっており、たくさんの虫卵を産生する。ネズミは昆虫をエサとして食べるのでライフサイクルは容易に完成する。ヒトが感染するのは小さな昆虫が口に入った場合や、幼児が昆虫を捕まえたり拾って食べてしまった場合が考えられるが、いずれにしても激しい症状を呈することは少ない。

ただし、小形条虫はヒトやネズミの体内でも昆虫と同じくシスチセルコイドの発育が可能である［図36］。つまり、虫卵が小腸で孵化すると幼虫（オンコスフェーラ）が絨毛《じゅうもう》内に侵入してシスチセルコイドが発育し、絨毛を破壊して脱出、そのまま成虫となる。これを繰り返せば多数寄生となり、腸管壁への侵襲《しんしゅう》が大きいため下痢《げり》などの症状が重くなる。よく考えるとこれは非常に奇妙なことである。昆虫の体内と哺乳類の消化管では温度や体液組成、何もかもが大きく異なる。両方の環境でシスチセルコイドが発育できるというのは驚くべきことであり、寄生虫の中でも特殊能力を有していると言っていいだろう。

私が数年間にわたって調査を行っている旭川市《あさひかわし》の公園では、人家にいるネズミは少なく、もっぱらエゾアカネズミやエゾヤチネズミなどの野ネズミが生息している。公園とい

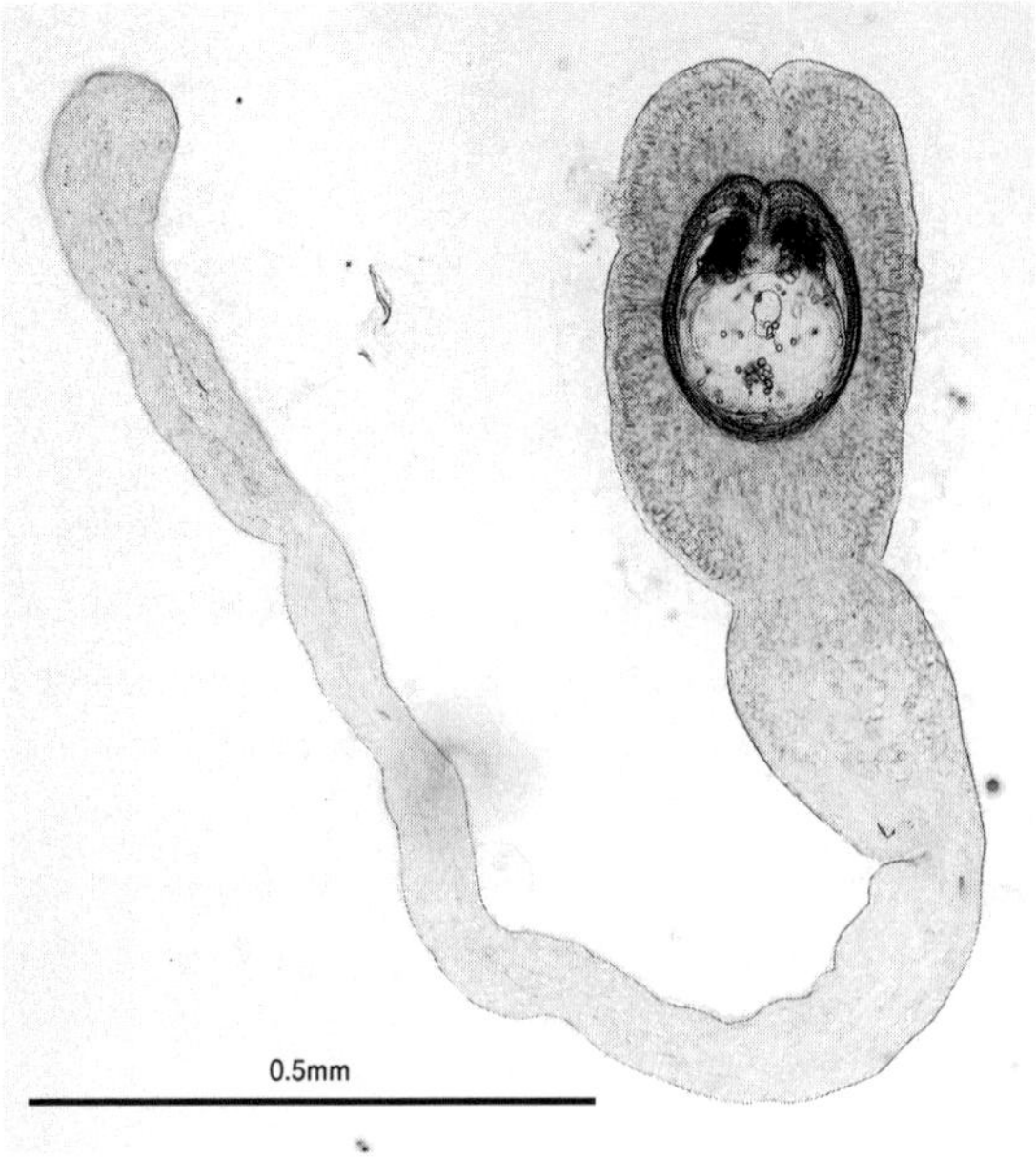

[図 35] 縮小条虫のシスチセルコイド。中間宿主である昆虫類の血体腔に寄生している。シスチセルコイドは寄生虫学の教科書では「擬嚢尾虫」とされている。有鉤条虫の幼虫であるシスチセルクス「嚢虫」に似ているが、頭部が反転しておらず、尾のようなものがついているのでこのように呼ばれているのであろうか。ちなみに、この尾を含む着ぐるみのような部分は終宿主（哺乳類）に摂取されると消化され、丸い頭節部分だけが残ってそこから片節が作られていく。着ぐるみ部分は昆虫の体内における栄養吸収などに必要なのだろう。

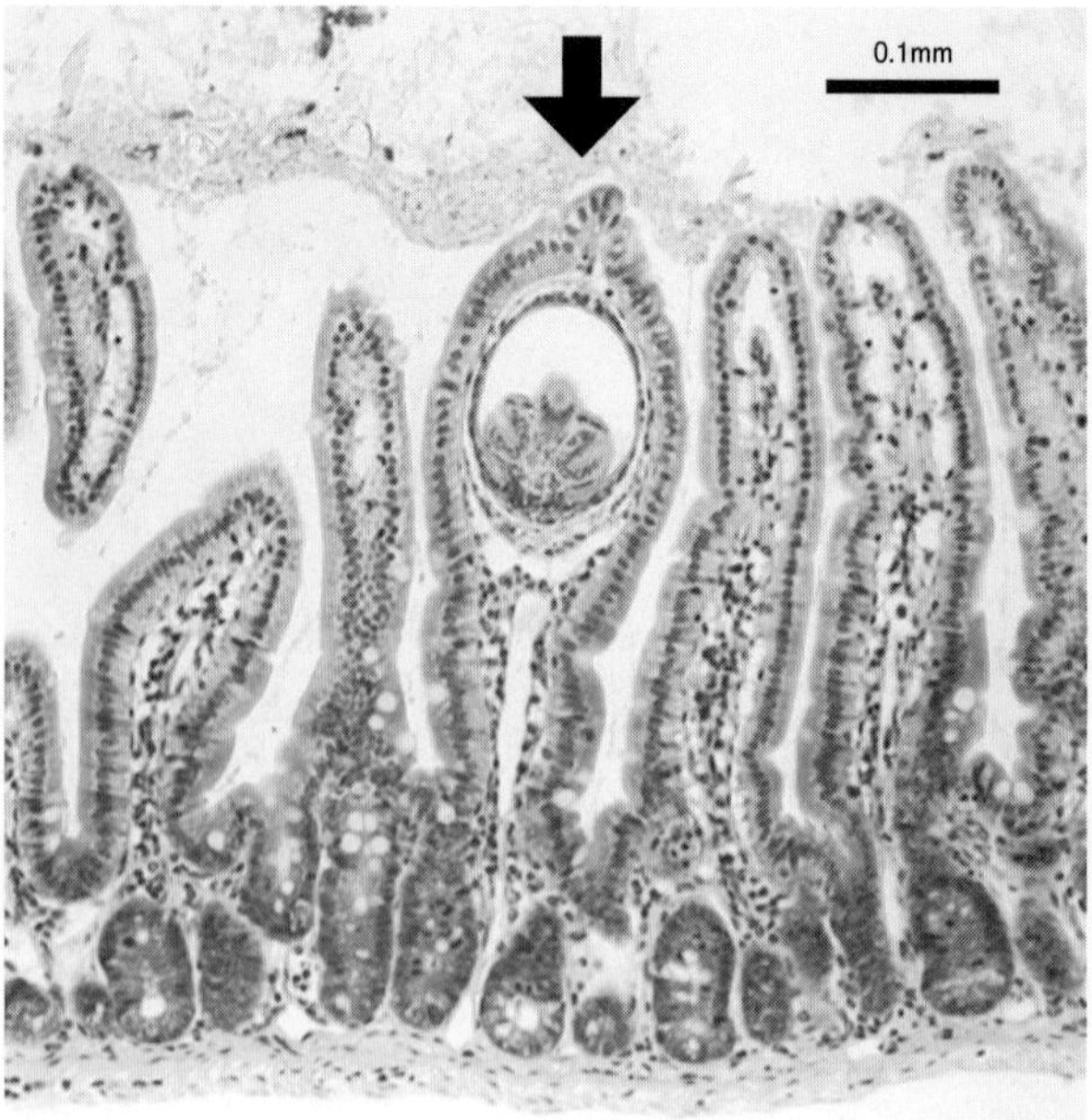

［図 36］ マウス小腸で幼虫ステージを送る小形条虫（病理組織標本）。通常は甲虫の血体腔でシスチセルコイドとなるが、全く環境の異なる哺乳類の小腸でも同じステージの寄生が見られる。小腸に寄生する成虫から産まれた卵が孵化してそのまま腸絨毛に入り込み、幼虫となる。これを自家感染という。正常な絨毛が並ぶ中に、一つだけ丸い空洞を持つものが見える（矢印のところ）。空洞の内部に鎮座しているのが幼虫である。幼虫はすでに四つの吸盤と鉤が並んだ冠を備えており、この後脱出して成虫となる。自家感染時は宿主消化管で虫体が増え、重篤な症状を引き起こすことがある。

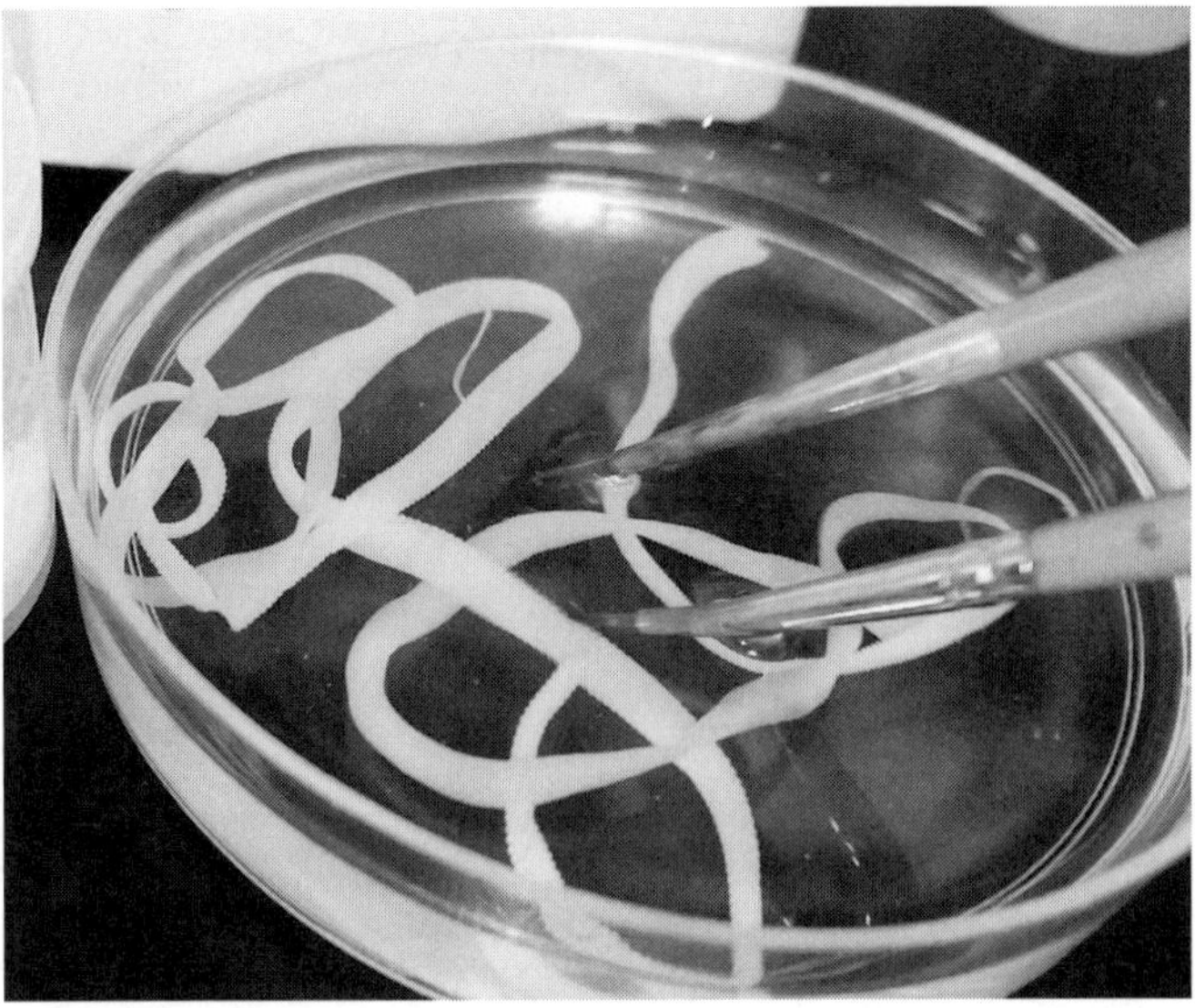

[図 37] 条虫は細い筆を用いてやさしく扱う。2本の筆を箸のようにして使うと、虫体を傷つけずにつまむことができる。写真の条虫はエゾアカネズミ小腸から摘出したヒメノレピス属の一種である。

っても北海道の広い森林公園なのでミズナラやカシワのドングリが落ちていて、昆虫もたくさんいる。遊歩道以外は笹藪《ささやぶ》で覆われているので、雪がたくさん降っても地面との間に隙間ができ、野ネズミは冬の間も動き回ることができる。

このような場所でネズミを捕獲し、消化管を調べると、たまに白くて長い虫体が取れることがある。ネズミの腸は細くて壁が薄いので、切開しなくても中に「何か白くて長いものが入っている」のが分かる。寄生部位には炎症や出血はなく、ただ虫体がいるのみである。あまりにぎゅうぎゅうだと食べ物が通過するか心配になるほどだが、ネズミの健康状態は悪くなさそうである。

ちなみに条虫の成虫はピンセットなどで挟むと傷つきやすいので、筆でそっとすくい上げ、やさしく撫《な》でるように食物残渣《ざんさ》を洗い流してあげるのがよい〔図37〕。第二章でも触れたとおり、すぐにエタノールなどの固定液に入れると縮んでしまうので注意が必要である。少しの間、蒸留水に入れておくと緩やかに弛緩《しかん》するので、これを固定液に移す。あまり長く水にさらしてしまうと表面および内部構造が破壊されてこの後うまく染色できなくなるので、頃合いを見極めるのが大事である（と言いつつ、私は未だに頃合いを見極めることができない）。

同じように見えても

さてこの白くて長い虫、あまり特徴がなくてみな同じように見えるのだが実はそうではない。約五〇ヘクタールの公園内で捕獲された野ネズミの消化管を調べた結果、一〇種以上の条虫が寄生していることが分かった。いずれも白くて柔らかく、幅は数ミリメートルで、長さは種によって異なり長いものでは二〇センチほどある。図38にいくつかの種の頭《とう》節《せつ》と成熟片節（雌雄生殖器が発育し、受精可能な状態の片節）を示した。条虫類は全体を写真や図で示すには長すぎるので、同定に重要な部分をピックアップしてスケッチすることが多い。

頭節だけ見ても吸盤の大きさや鉤《かぎ》の有無など違いがあり、まるでいろいろな顔が並んでいるようで楽しい。この公園で見つかったヒメノレピス属（縮小条虫と同じ属である）の一種は横長の片節に三つの精巣（卵巣、子宮などの雌《し》性《せい》生殖器を挟んで一方に一つ、他方に二つ）が入っている。頭節に鉤はない。アロストリレピス・テヌイシロサも雌性生殖器を挟んで一方に一つ、他方に二つの精巣を持つが、後者の二つが縦に配置する。また、頭節の幅に対して吸盤が大きい。パラノプロセファラ・カレライは二六から三〇個もの精巣を持つ。頭節の吸盤はタコの吸盤のようにせり出している。カテノテニア属の一種は片節が縦長で、その下側に一〇〇個近くの精巣を持つ。ライリエティナ属の一種は吸盤の表面がざらざらしており、六〇本もの鉤を備えた冠をかぶっている。といった具合に、目につく特徴だけでもそれぞれかなり個性的だ。

種が同定できず「〇〇属の一種」と言っているものについては、他の地域に存在する種との詳細な比較が行われておらず同種かどうかはっきりしないものが含まれる。この中には未記載種も存在すると考えられるため、今後海外のものと比較し慎重に同定する必要がある。移動能力の低いものが宿主の場合、生息地が異なれば隔離され、地域ごとに別々の種が生じる可能性がある。

このように世界中にはよく似た種が存在するので、遺伝子配列の比較が必要である。遺伝子解析の結果、例えばパラノプロセファラ・カレライはノルウェーやフィンランドのハタネズミ亜科《あか》のネズミに寄生するものと同じ種であることが分かった。この種は本州においては未だ報告がない。もしかしたら、はるか昔、大陸と北海道が陸続きだった頃からいる寄生虫なのかもしれない。これに対して、前述の小形条虫や縮小条虫はドブネズミやハツカネズミに寄生しているので、ヒトの移動とともにあらゆる大陸に運ばれたことが容易に想像できる。

トガリネズミも日々昆虫を食べているので消化管に条虫の成虫をたくさん宿している。しかし、トガリネズミの消化管から上述の野ネズミの条虫が出てくることは決してない。

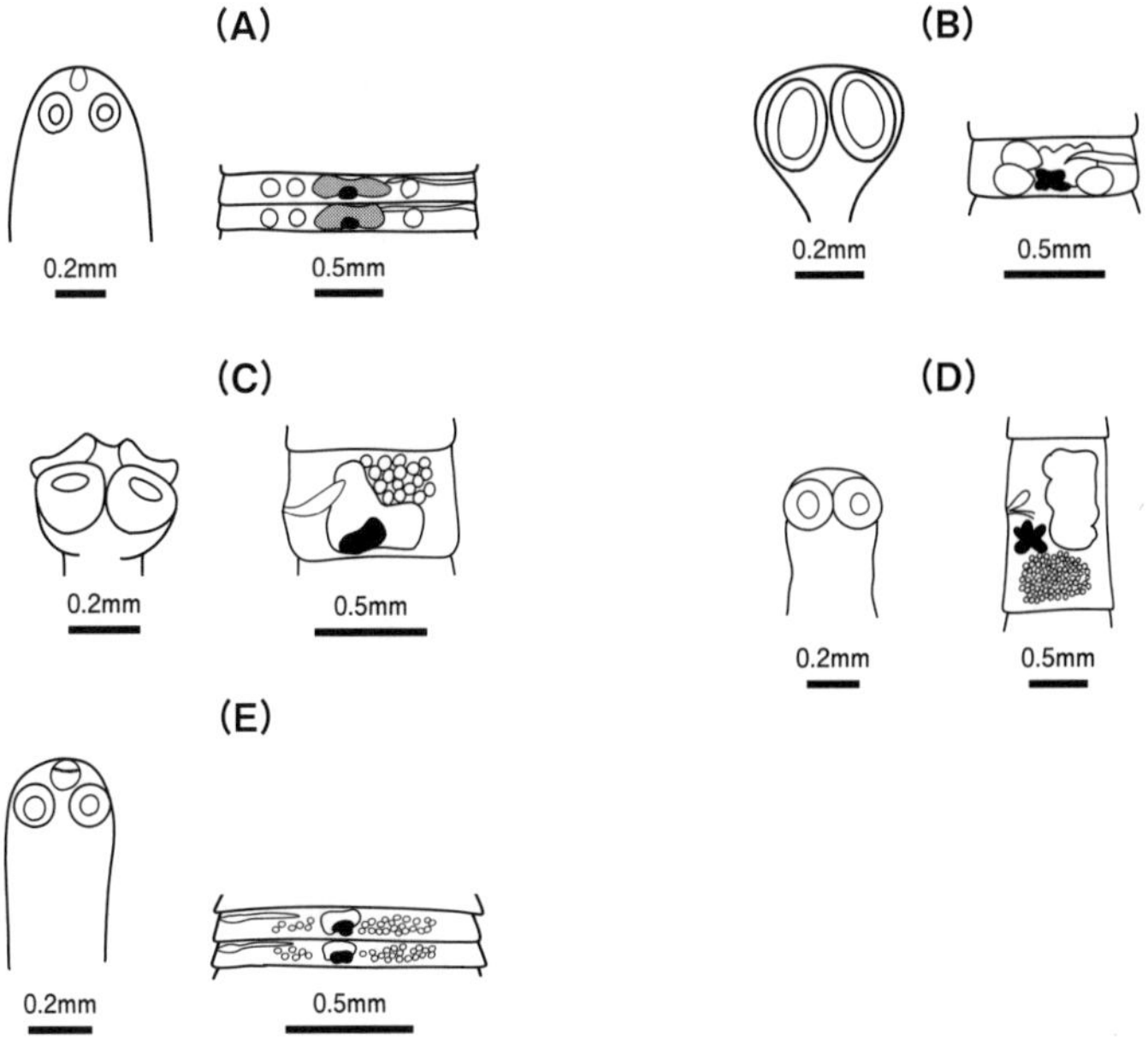

[図38] 公園で見つけた野ネズミの条虫。全て小腸から検出した成虫である。それぞれ左が頭節、右が成熟片節。(A) ヒメノレピス属の一種、(B) アロストリレピス・テヌイシロサ、(C) パラノプロセファラ・カレライ、(D) カテノテニア属の一種、(E) ライリエティナ属の一種。グレーの部分が卵巣、黒い部分が卵黄腺。

トガリネズミにはトガリネズミ、ネズミにはネズミの条虫と決まっている。何度も言うがこれが宿主特異性である。適合しない宿主の体内に取り込まれた場合、そのまま消化されて死んでしまうのであろう。

トガリネズミに寄生する条虫類はネズミとは比較にならないほど多様である。多すぎる上に小型のものが多いので劣化が早い。条虫類はクチクラを持たないので消化管内で死ぬと比較的速《すみ》やかに分解されてしまう。小さい条虫であるほど分解が早く、形態が観察できないので同定ができない。かろうじてDNA配列を特定できたとしても、形態観察が不十分なので、どの寄生虫の配列なのかよく分からない。分かることといえば「何種存在するか」くらいであり、現在二〇種近く確認した。これらの正体は「新鮮なサンプルが採れたとき」に判明するはずなのだが、一体いつになることやら。

第四章

運任せの一生

河川や湖沼を利用する寄生虫

寄生虫卵が川に放たれる光景

哺乳類《ほにゅうるい》や鳥類、爬虫類《はちゅうるい》などの陸上動物が生きていくためには水が必須なので、河川や湖沼《こしょう》を訪れ、水を飲み、排泄《はいせつ》する。これらの多くは吸虫類《きゅうちゅう》の成虫を保有している。つまり、終宿主《しゅうしゅくしゅ》として水辺に虫卵《ちゅうらん》をばら撒《ま》いている。

そのような場所には貝類をはじめとして多くの水棲《すいせい》生物が生息しており、吸虫類はこれらを上手に利用している。すでに述べたとおり、吸虫類の多くは一つか二つの中間宿主を必要とする。第一中間宿主はおもに貝類、第二中間宿主は貝類や水棲昆虫、魚類、両生類など吸虫種によって実に様々であり、ときに植物が利用されることもある（魚類や両生類は中間宿主にも終宿主にもなり得る）。第三章で説明したマイマイサンゴムシやロイコクロリディウムのように陸貝《りくがい》を利用する吸虫類は実は少数派で、水棲生物を利用する吸虫類の方が圧倒的多数派である。

私の住む旭川《あさひかわ》市は北海道の真ん中あたりに位置している。市の中心部にもいくつかの川が流れており、これらは最終的には石狩川《いしかりがわ》に合流して海に流れ込む。その一つである牛朱《うしゅ》別川《べつがわ》も石狩川へ合流するが、合流部付近の川幅が狭く、かつては大雨のたびに水害に見舞われていたという。そこで、二〇〇三年に合流地点のさらに上流に、牛朱別川から石狩川への分水路が作られた。これが永山新川《ながやましんかわ》と呼ばれる延長五・七キロ、川幅約二〇〇メートルの人工河川である。

この河川は自然に近づける工夫がなされており、種々の生物が生息できるよう所々に流れの緩やかな場所が設けられている。そのため、植物が生《お》い茂《しげ》り、貝類や魚類などがたくさん生息している。また、この緩やかな流れは渡り鳥にも気に入られている。シベリアなどで繁殖するオオハクチョウやコハクチョウ、カモ類などが本州で越冬するために渡る際に、中継地として訪れ羽を休める。

特に三月に北方へ帰る際には川がカモ類で埋め尽くされるほどである。鳥たちが優雅に羽を休めている一方、水面下では大量の糞便《ふんべん》が排出され、そこに含まれる寄生虫卵が川に放たれているというワクワクする光景が想像される。

鳥類にはどんな寄生虫が存在しているのか、見たいのはやまやまであるが、調査はなかなかハードルが高い。第二章でも述べたとおり、内部寄生虫は宿主を解剖《かいぼう》しないと採集することができないためである。鳥類は保護されているものが多いのでたくさん捕獲して調べることはできないし、鳥インフルエンザなどの感染症にも注意しなくてはならない。許可を得て頑張って捕まえても寄生虫が検出されるとは限らない。

けれども終宿主ではなく中間宿主をターゲットにすれば、鳥を捕まえる必要はない。特にほとんどの吸虫類が利用する第一中間宿主、貝類を調べれば、その場所に吸虫が何種類いるのか、それはどんな吸虫なのかおおまかに把握することができる。この方法の利点は、何といっても貝類が捕まえやすいということである。安全な場所であれば、タモ網ですくうか、手で拾うこともできる。

また、感染してからしばらくは体の中で幼虫を育ててくれるはずなので、渡り鳥が去ってしばらくしてから採集しても、これらの鳥類に寄生していた吸虫類の子孫を検出することが可能である。欠点は、観察できるのが幼虫ステージのみであることだ。吸虫類の多くは成虫を観察しないと種同定ができない。ただし、幼虫の形態やDNA《ディーエヌエー》配列を詳しく調べることで、種が突き止められることもあるし、そうでなくても「何種類いるか」を知ることはできる。また、科《か》や属《ぞく》レベルの分類、つまり「どんな吸虫の仲間なのか」を把握できればライフサイクルを推定することが可能である。

鳥を愛でる人々が作った吸虫の楽園

前述の永山新川でおもに見られる水棲巻貝であるモノアラガイとカワニナを採集して吸虫類の幼虫寄生を調べた〔図39・上〕。幼虫はおもに貝類の肝膵臓《かんすいぞう》（サザエやツブ貝の一番奥の「肝《きも》」の部分）にびっしりつまっており、殻を割って実体顕微鏡《じったいけんびきょう》を見ながらピンセットではほぐすと触手のようにうごめくスポロシストやウジ虫のようなレジア［図39・下］、それらの中に入っているオタマジャクシみたいなセルカリアなど様々なステージ、種類の吸虫が出てくる。

永山新川の吸虫類は実に多様で、次から次へと見たことのない種が現れた。自宅や職場のすぐ近くでこんなにエキサイトできるなんて、旅費もかからず得した気分である。調査の結果、モノアラガイからは一四種、カワニナからは一〇種の吸虫が検出され（どちらの貝を宿主とするかは寄生虫種により厳密に決まっている）、その半分以上がガンカモ類を終宿主とすることが分かった。残りはその他の鳥類や哺乳類を終宿主とする吸虫と考えられた。

永山新川を訪れるガンカモ類のうち、ほとんどはオナガガモである。三月にはオナガガモで満たされた川面に申し訳程度にポツポツとマガモやヒドリガモ、キンクロハジロなどが混じっている様子を観察できる。オオハクチョウやコハクチョウは所々に集団で浮かんでいる。

もちろん、他の湖沼であれば他のカモが多かったりマガンが大部分だったり、鳥種の構成は場所によって様々である。すなわち、場所によって検出される吸虫種の構成が異なるため、永山新川以外の場所で調査すれば、また違った吸虫に出会うこととなる。

さらに最近ではＤＮＡ配列を調べることができるようになり、形態がよく似ている寄生虫であっても、遺伝子配列が異なることから別種とされることもある（隠蔽種《いんぺいしゅ》という）。つまり、渡り鳥にどれほどの種数が存在するのか想像もつかない。

人工河川である永山新川は当初、水門を設けて洪水のときだけあふれた水を流す予定だったが、掘削《くっさく》作業中にできた水面で渡り鳥が休むようになったことから、常時水を流すよう予定を変更したそうである。

この人工河川ができる前はこれほどたくさんのカモは飛来していなかったはずなので、吸虫類も少なく、構成種も異なっていたはずである。鳥を愛《め》でる人々の心が現在の多様な吸虫類の楽園を作ったと言っても過言ではない。

地形が変わるということが宿主の行動や分布を変え、それに伴ってこれほどまでに寄生虫の分布が変わるということに驚く。ちなみに、これらの吸虫のうち、横川吸虫《よこがわきゅうちゅう》を含むメタゴニムス属吸虫以外はヒトに寄生しない。メタゴニムス属吸虫は淡水魚の生食によってヒトに感染するが、この川でエゾウグイやフクドジョウを採って生食する人はいないと言ってよいので、恐れる必要はない。

あだ名で呼べるほど個性的

ここまでたくさん述べたとおり、私は吸虫類が好きである。何より見た目がいいし、ラ

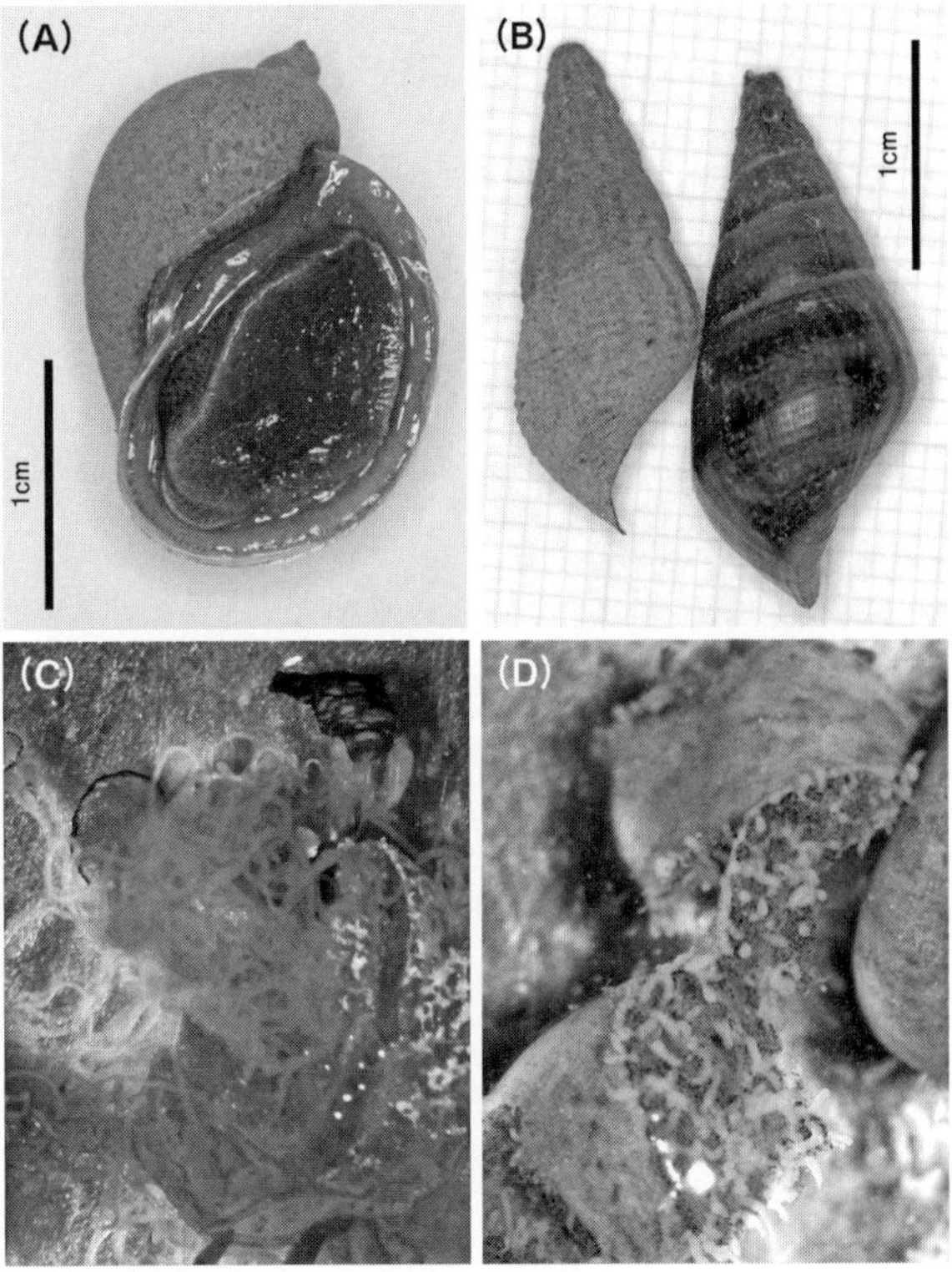

[図 39] 上は旭川市でよく見かける淡水産巻貝の写真。(A) モノアラガイ、(B) カワニナ。スケールバーは 1cm だが、もっと大きい個体もいる。殻を割って寄生虫を調べる際、モノアラガイは殻が薄いのでピンセットで割れるが、カワニナは硬いためペンチや金槌を使わなければならない。下は淡水棲巻貝を割ってみると現れた吸虫類の幼虫の写真。(C) モノアラガイより検出された細い紐状のスポロシスト、(D) カワニナの肝膵臓を割ると出てくるレジア。これらが何の幼虫なのか、初見ではまず想像がつかない。

イフサイクルが複雑で、種ごとの個性があるからだ。これこそが多様性というやつだと、実際に調査してみてつくづく思う。私たちが永山新川で見つけた吸虫のうち、形もライフサイクルもおもしろくて、なおかつ隠蔽種であったため新種記載を行った吸虫の一種を紹介したい。

巻貝から吸虫類がたくさん検出されることはすでに述べたが、形態が特徴的であれば、ある程度他のものと区別が可能なので、自分だけのあだ名をつけて呼ぶことがある。モノアラガイからしばしば検出されるレジアの中に黄色っぽくて大きめのものがあり、とりあえず「黄色いレジア」と呼んでいた【図40】。このレジアの中には茶色っぽいセルカリアが入っており、眼点がくっきり見えるので「眼点のある茶色いセルカリア」と呼んでいた【図41】。

この眼点のあるセルカリアを水の入ったシャーレに入れておくと活発に泳ぐのだが、しばらくするとセルカリアの本体部分が丸くなってきて、尾部《びぶ》がちぎれてしまう。丸くなった本体はシャーレの底に半球状のカプセルになってくっついている。これはメタセルカリアのステージである。おそらく自然界では第二中間宿主となる動物は存在せず、草や石やその他いろいろな物質の表面で被嚢《ひのう》し、終宿主に取り込まれるのを待つのだろうと推測された。

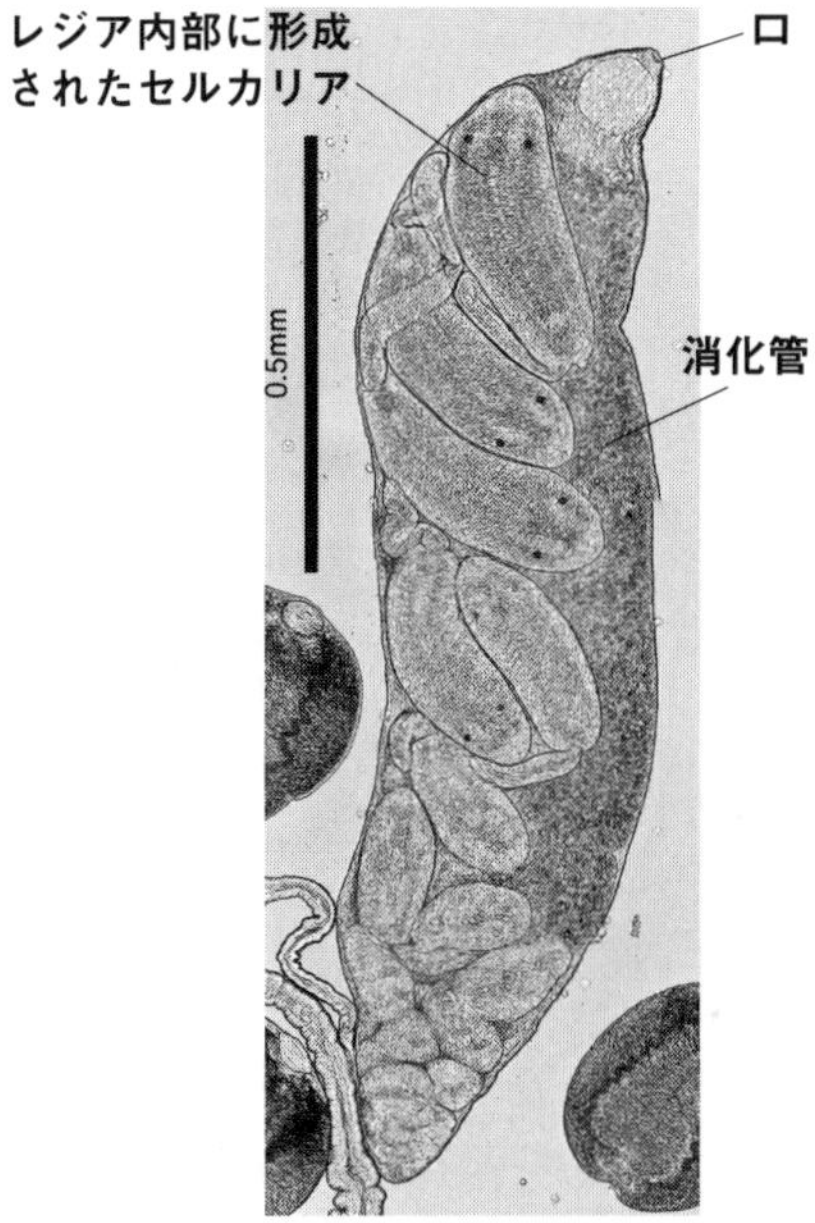

[図40]　モノアラガイより得られた「黄色いレジア」。レジアとは吸虫の幼虫ステージの一つで、無性生殖により増えたものである。スポロシストとは異なり口と消化管を持っている。さらに、内部に多数のセルカリアを作る。レジア内のセルカリアは未熟だが眼点があり、顕微鏡で観察すると、目が合っているような気がしてならない。

そんなわけでこれを「シャーレで被嚢するメタセルカリア」[図42]と呼ぼうと思ったが、この辺になるとそろそろ本当の名前で呼んでやりたいので真面目に調べることにした(真面目な研究者ならば最初にレジアを見つけた時点で同定を試みるのだろう)。

幼虫の形態と第二中間宿主を省略する特徴的なライフサイクル、そして遺伝子配列を手がかりに、これはノトコチルス属の吸虫の一種であることを突き止めた。この仲間はほとんどが鳥類を終宿主とする。永山新川に訪れる鳥類といえばやはりカモ類である。

共同研究者の協力を得て、北海道の狩猟鳥《しゅりょうちょう》の消化管や冷凍保存されていた過去のサンプルから成虫を探したところ、ヒドリガモやマガモから図43のような成虫が得られた。吸虫類の多くは口吸盤《こうきゅうばん》と腹《ふく》吸盤の二つの吸盤を持つが、ノトコチルス属は腹吸盤を欠く。そのかわり、まるで軍手の滑り止めのように腹面に三列のイボがついている[図44]。

おそらく実際に滑り止めのような機能を持つのだろうと想像されるが、それにしてもこのデザインのセンスがすごい。当時、ノトコチルス属吸虫は世界に六七種類存在するとされていた。種の判別にはイボイボの列と数が重要なのだが、今回発見した種のイボの数は中央の列が一四〜一五個、左右の列がそれぞれ一六個ずつであった。

これと同じ数のイボを持つものとしてノトコチルス・アテヌアータスとノトコチルス・マグニオバータスの二種が存在し、その他の特徴からも成虫では見分けがつかない。これ

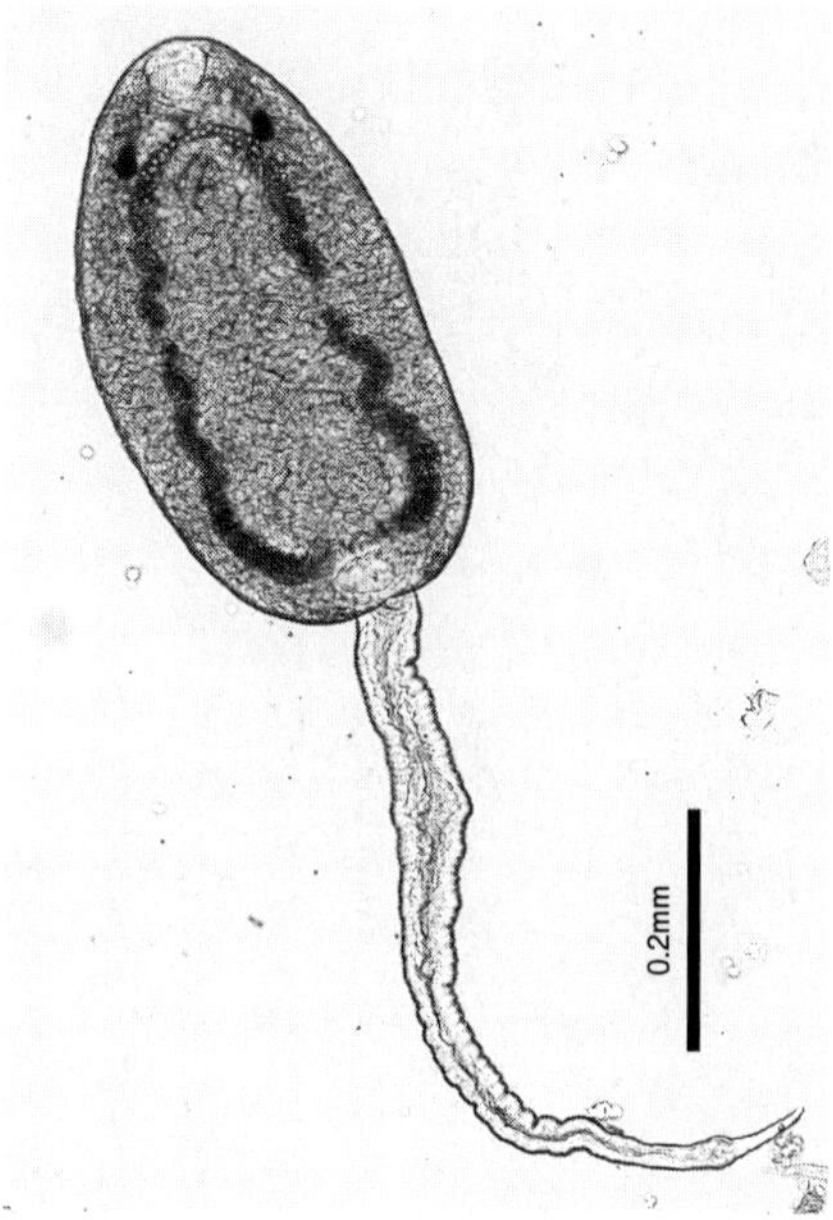

[図 41] モノアラガイから遊出した「眼点のある茶色いセルカリア」。レジア内のセルカリアは成熟すると脱出し、尾をさかんに動かして水中を泳ぐ。写真では二つの眼点が確認できるが、実はその間にもう一つ、合わせて三つの眼点がある。

ら二種はいずれもカモ類を終宿主とするが、ノトコチルス・アテヌアータスはマメタニシ、ノトコチルス・マグニオバータスはカワニナを中間宿主とする。

今回発見した種の中間宿主はマメタニシでもカワニナでもなく、モノアラガイであった。中間宿主が他二種と異なる点、幼虫の大きさや形が異なる点、そしてDNA配列が異なる点から、本種をこれらとは別種と考え、ノトコチルス・イクタイと名付けた。本種の種小名《しゅしょうめい》は検体をたくさん提供してくださったハンターの名前に由来する。

それにしても、姿形はほぼ同じでDNAレベルでやっと鑑別できる寄生虫三種が、それぞれ別の第一中間宿主を利用しているというのは驚きである。

この吸虫についてもう一つ興味深い点は、終宿主における寄生部位である。ノトコチルス属はなぜか盲腸《もうちょう》を好んで寄生することが多く、ノトコチルス・イクタイもやはり盲腸で見られる。カモ類はヒョロヒョロとまっすぐに長い一対（二本）の盲腸を持つ。ヒトの盲腸は結腸《けっちょう》と区別がつかず、小さな虫垂《ちゅうすい》がくっついていることはよく知られているが、これとは似ても似つかない形をしている。

実は、シャーレの底で被嚢したノトコチルス・イクタイのメタセルカリアを壊さないように気をつけて剝がして集め、免疫《めんえき》抑制剤を投与したマウスに飲ませると、その盲腸で成虫になる。げっ歯《し》類の盲腸は一つしかなく、ヒトともカモとも異なる巨大な器官だが、こ

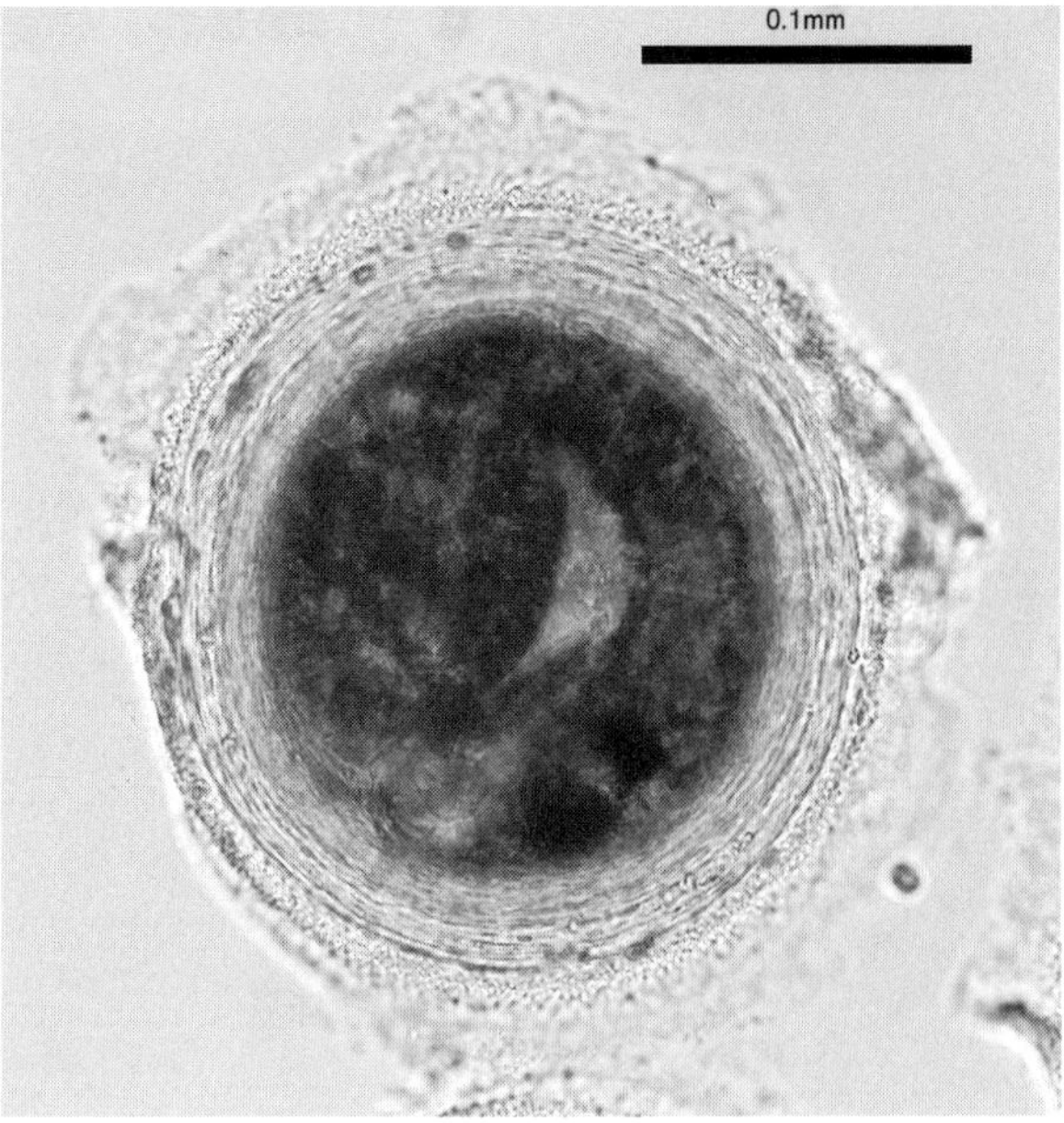

[図 42]　シャーレに水と眼点のある茶色いセルカリアを入れ、しばらく放置したもの。尾を失い、丸いカプセルに入ったメタセルカリアになっている。シャーレの底に固着しており、横から見るとドーム型になっている。

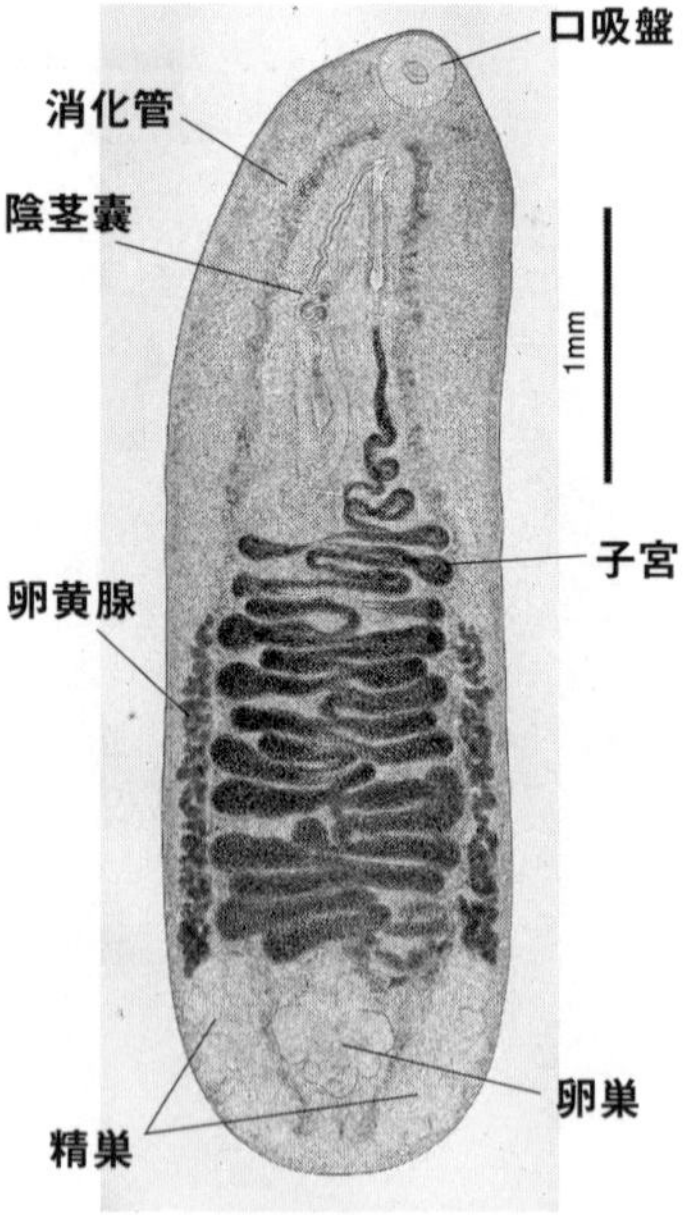

[図 43] ノトコチルス・イクタイの成虫（無染色）。ノトコチルス属の吸虫は腹吸盤を欠く。黒い粒（虫卵）の入った子宮が左右に蛇行しているのが分かる。

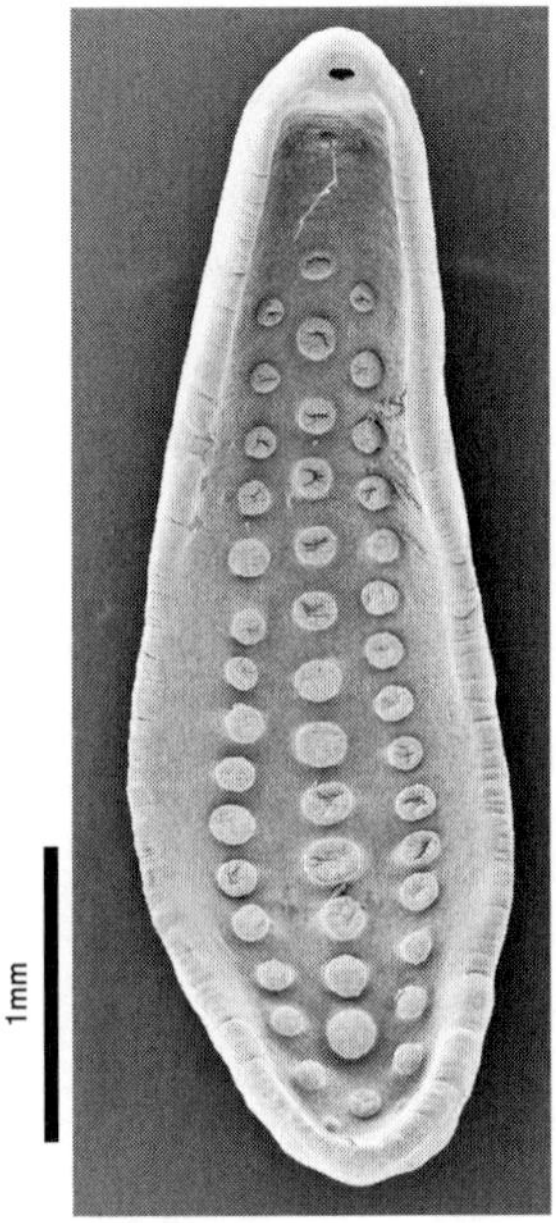

[図 44]　ノトコチルス・イクタイの腹面の走査電子顕微鏡像。3 列のイボがついている。中央に 14 個、両側に 16 個ずつ確認できる。一番上の穴は口吸盤から消化管へ続く。それより少し下にも穴があるが、こちらは生殖孔である。生殖孔からゴミのようなものが出ているように見えるが、これは虫卵の一部である。本種の虫卵は両極に非常に長い（虫卵の長径の数倍長い）ファイバーを持つ。

の吸虫はここに寄生する。

動物によってこんなにも形の違う器官なのに、何を感知して盲腸と認識しているのであろうか。盲腸特異的な分泌物なのか、腸壁の構造なのか。これを解明するにはどのような実験を計画すればよいだろう。例えば、培養《ばいよう》細胞を用いる実験が考えられる。

まず、鳥類あるいは哺乳類の盲腸上皮細胞と小腸その他の消化管上皮細胞を準備する。それぞれの細胞と一緒に、脱嚢《だつのう》したメタセルカリアを培養してその発育を観察し、盲腸上皮細胞だけで発育することを確認する。そうなれば盲腸上皮細胞表面あるいは細胞からの分泌物に重要な物質が存在する可能性があるため、盲腸以外の上皮細胞と成分を比較するのはどうか。などと、いろいろな寄生虫に出会うたび、実験室内で試してみたいことは無限に出てくるが、時間もお金も設備もない上、翌日には外に飛び出して別の寄生虫を追いかけてしまうので、放置された謎が増えていく。

ロマンと遊び心あふれるライフサイクル

ノトコチルス属吸虫は第二中間宿主を持たない特殊なライフサイクルを持つ。しかし一般的には、吸虫類の第一中間宿主はおおむね貝類、第二中間宿主は水棲昆虫や淡水魚など、その寄生虫の終宿主の食性に見合ったものが利用される。宿主の生態によってそれぞれ特徴的な中間宿主を利用するのだが、中にはよくもまあこんなライフサイクルを思いついた（思いついたわけではないが）と感心してしまうものがいる。

北海道にはコウモリが一九種存在しており、私の住む旭川市とその周辺には一二種生息しているとされている。これらは全て昆虫類を主食とする小型のコウモリである。ご存じのとおり、これらのコウモリたちは夕方巣から飛び立つ。お腹を空かせたコウモリたちは超音波を発して飛翔《ひしょう》昆虫との距離を把握し、これを捕まえて食べる。

旭川市のコウモリの消化管には、図45のとおり斜睾《しゃこう》吸虫（プラギオルキス）属の吸虫二種が寄生している。細身のフォルムがプラギオルキス・コレアヌス、肉厚でがっちり体型のものがプラギオルキス・ムエレリである。どちらの種も二つの精巣が斜めに配置し、その間を卵が充満した子宮が走っている。これがこの属の特徴で、斜睾吸虫属の名の所以《ゆえん》である。

いずれもキクガシラコウモリ、ヒナコウモリ、モモジロコウモリなど複数種のコウモリの小腸に寄生する。宿主である小型コウモリの頭胴長がせいぜい五〜八センチ程度なので、その小腸はとても細く、したがってそこに寄生する寄生虫もとても小さいことが想像できると思う。プラギオルキスはその中では比較的大きい吸虫で、体長二〜三ミリくらいである。

これらの吸虫の第一中間宿主はモノアラガイである。虫卵（あるいは孵化《ふか》した幼虫）を取り込んだモノアラガイの体内では、スポロシストと呼ばれる幼生《ようせい》が出芽するように増殖し、その内部に無数のセルカリア幼生ができる。

セルカリアは水中に放たれ、オタマジャクシのような尻尾《しっぽ》をさかんに動かし第二中間宿主をめざして泳ぐ。第二中間宿主はトビケラやセンブリなどの水棲昆虫で、その血体腔《けったいくう》（昆虫類の原体腔《げん》のことで、開放血管系のため、体液で満たされている）で被嚢しメタセルカリア（カプセルの中で休眠）となる。

宿主昆虫は幼虫期には水の中で発育し、水中で、あるいは上陸して蛹《さなぎ》となり、羽化すれば飛翔することが可能となる。メタセルカリアは宿主が脱皮、蛹化《ようか》、羽化する間ずっとその体内で維持される。昆虫が羽化して成虫となり空に旅立てば、メタセルカリアも飛行機に乗っているようなもので、一緒に離陸する。そこにコウモリがやって来て超音波を使って獲物（吸虫にとっては乗り物である第二中間宿主）を探し当て、パクリと食べてくれれば終宿主への感染成功である。めでたく小腸で成虫となりたくさんの虫卵を産むことができる。虫卵はコウモリの糞便と一緒に外界に排出される［図46］。

コウモリが糞をした場所の下に運よくモノアラガイが生息する水場があれば、そこで再び第一中間宿主に侵入することができる。その他の場所、例えば乾いた場所や水から遠い

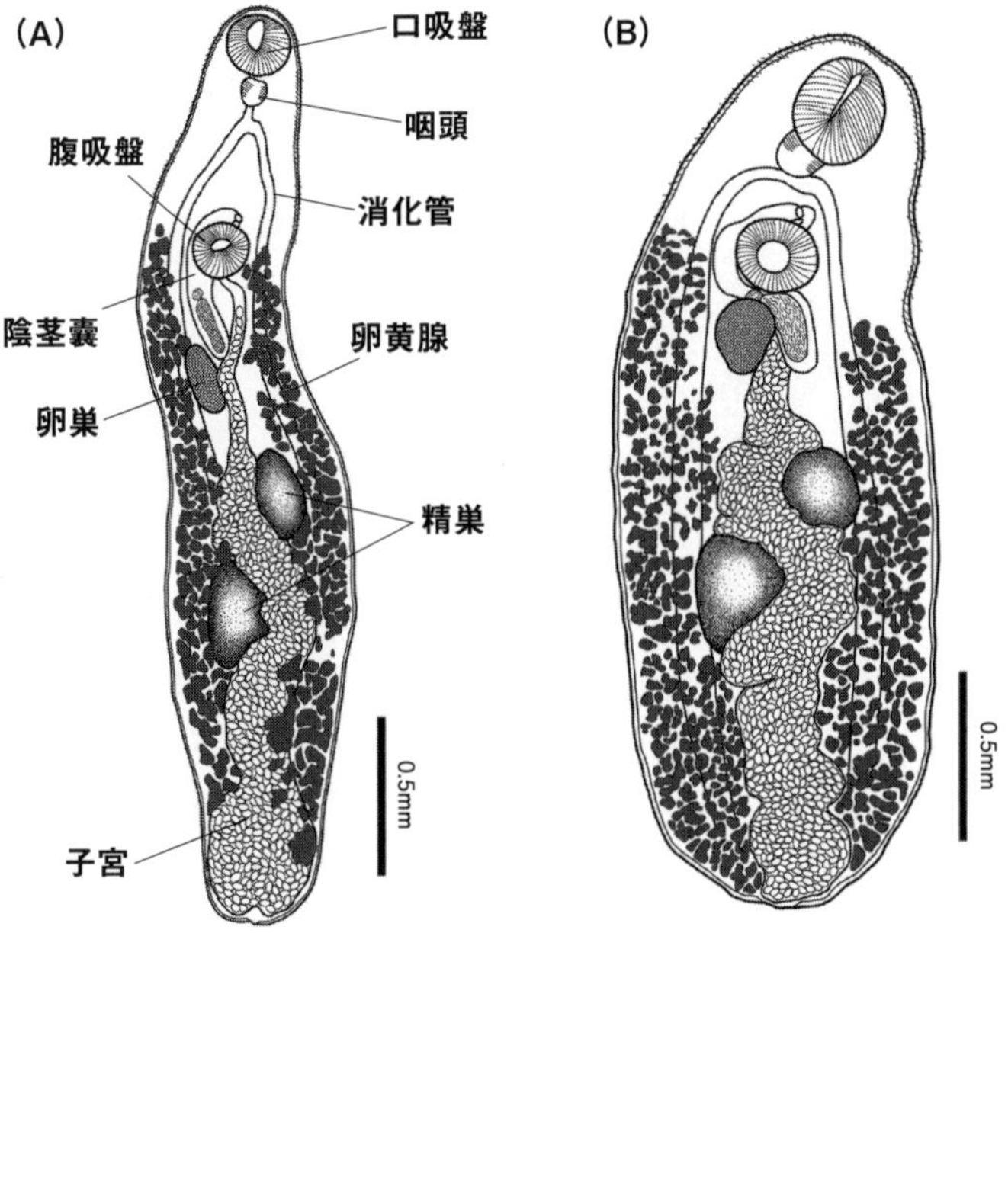

[図 45] コウモリの小腸に寄生する斜睾吸虫属吸虫の成虫。(A) プラギオルキス・コレアヌス、(B) プラギオルキス・ムエレリ。属名のとおり、どちらも精巣が斜めに配置している。スケッチや写真では肉感が表現できないのが残念だが、(B) のほうが厚みがあってむっちりしている。

場所、あるいは第一中間宿主がいない水場に落ちた糞に含まれる虫卵は、残念ながら次の世代を残すことはできない。

コウモリはたびたび橋の下や樋門《ひもん》（堤防の中に作られた水路）をねぐらにするので、そのような場合は吸虫がライフサイクルを維持するためには好ましい。

水中で発育し（モノアラガイ）、空に飛び立ち（昆虫）、そこに飛んできた終宿主に食べられて成虫になる（コウモリ）なんて、こんなに凝った生き方ってあるだろうか。もっと単純なライフサイクルでもよいのでは？　とも思うが、あえての複雑さも含め、ロマンと遊び心にあふれる生き方に感動し、憧《あこが》れる。

体長数メートルの巨大な条虫

条虫類の頭節にある固着《こちゃく》器官は様々な形のものがある。テニア科（有鉤条虫《ゆうこうじょうちゅう》やエキノコックスを含む）や膜様《まくよう》条虫科（小形《こがた》条虫や縮小《しゅくしょう》条虫を含む）などに属する条虫は頭節に吸盤を持つ。裂頭《れっとう》条虫科に属する条虫は縦長の頭節に溝《みぞ》があり（吸溝《きゅうこう》と呼ばれる）、これを使って消化管壁に固着する。吸溝により頭が裂けているように見えるためこの名がついている。

日本海裂頭条虫《にほんかいれっとうじょうちゅう》は体長数メートルにもなる巨大な条虫だが、それを固定しているのが小さな頭についている一本の溝だということが未だに信じられない。

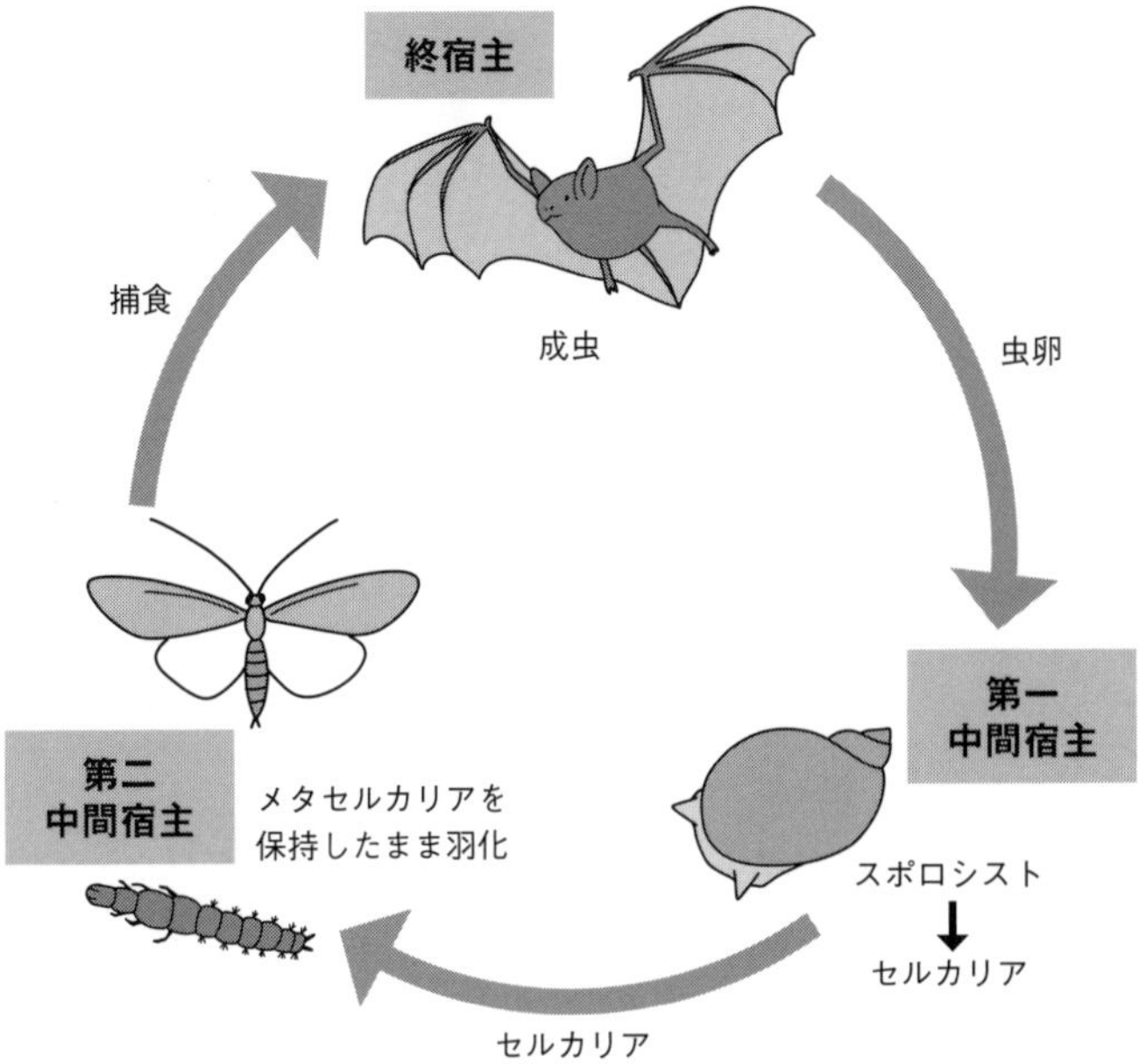

[図 46] コウモリを終宿主とする斜睾吸虫属吸虫のライフサイクル。第一中間宿主から遊出したセルカリアは頭側に 1 本の剣のような構造を持つことから有剣セルカリアと呼ばれておりかっこいい。おそらくこの剣を使って第二中間宿主（水棲昆虫の幼虫）の関節などから侵入するのだろう。被嚢したメタセルカリアは宿主が羽化してもそのまま保持され、宿主とともに空を飛ぶ。これがコウモリに食べられれば吸虫にとってハッピーエンドである。

裂頭条虫科の仲間は水を利用してライフサイクルを営むものが多い。例えば日本海裂頭条虫は、自由生活性のカイアシ類（ケンミジンコ）を第一中間宿主、サケ科魚類を第二中間宿主とする［図11］。終宿主は哺乳類である。

野良猫《のらねこ》の消化管から見出されることの多いマンソン裂頭条虫（スピロメトラ・マンソニ）もケンミジンコを第一中間宿主とする。第二中間宿主はカエルやヘビで、これらの皮下組織に白いピロピロが寄生している［図47］。中間宿主を捕食したイヌやネコの小腸で成虫となる。本種は長らくヨーロッパに分布するスピロメトラ・エリナセイエウロパエイのシノニム（異名同種）とされてきたが、近年、分子系統学的解析から日本に分布するものはこれとは異なり、スピロメトラ・マンソニの復活が提唱された。

きわめて稀《まれ》ではあるが、第二中間宿主である両生類や爬虫類をヒトが食した場合、成虫になれずに幼虫のまま体内を徘徊《はいかい》することがある（マンソン孤虫症《こちゅうしょう》）。ゲノム解析の結果から、マンソン裂頭条虫と芽殖《がしょく》孤虫は非常に近縁であることが明らかになっている。

空を飛ぶウドンムシ

裂頭条虫科の条虫は他にもたくさん存在するが、ヒトや家畜、伴侶動物に寄生するものではないのであまり注目されない。せっかくなのでマイナーな裂頭条虫科のメンバーに光

［図 47］ マンソン裂頭条虫のプレロセルコイド。ヘビやカエルの皮下組織や筋肉に寄生する。これを食べたイヌやネコの小腸で成虫となる。だからあれほどネコを外に出すなと言ったのに……。

を当てたい。

フナやコイ、ウグイを釣ってそのお腹を開くと、まるでウドンのように白くて長い虫がはちきれんばかりに入っていることがある。虫に慣れている私たちでさえ、これに出会うと「気持ち悪い」のか「うれしい」のかよく分からないが興奮のあまり声を上げてしまう。これは姿そのまんまの和名を与えられているウドンムシ（リグラ）属条虫の仲間である［図48］。摘出した虫体は八〇センチを超えることもあり、宿主の体長よりずっと長い。ただし、こんなに長くてもまだ幼虫（プレロセルコイド）である。

ウドンムシ属の条虫もまたケンミジンコの仲間を第一中間宿主とし、これを捕食した淡水魚を第二中間宿主とする［図49］。コイ科魚類に寄生するものは真の「ウドンムシ」の和名を授かったリグラ・インテラプタである。本種は他にもタナゴ属やサケ属に寄生するという報告がある。また、ハゼ科魚類からもウドンのようなプレロセルコイドが検出されるのだが、コイ科にいるものとはどうやら異なる種のようだ。

裂頭条虫類は多くの片節《へんせつ》が連なった形をしているが、一つ一つの片節に雌性《しせい》生殖器（卵巣、子宮などの一組）が一セットもしくは二セットずつ存在し、それに合わせて生殖孔《せいしょくこう》も一個もしくは二個存在する（それぞれの節で独立して受精、産卵する）［図50］。

幼虫のステージでも未熟な生殖器は観察され、ハゼ科のものは一セット、コイ科のもの

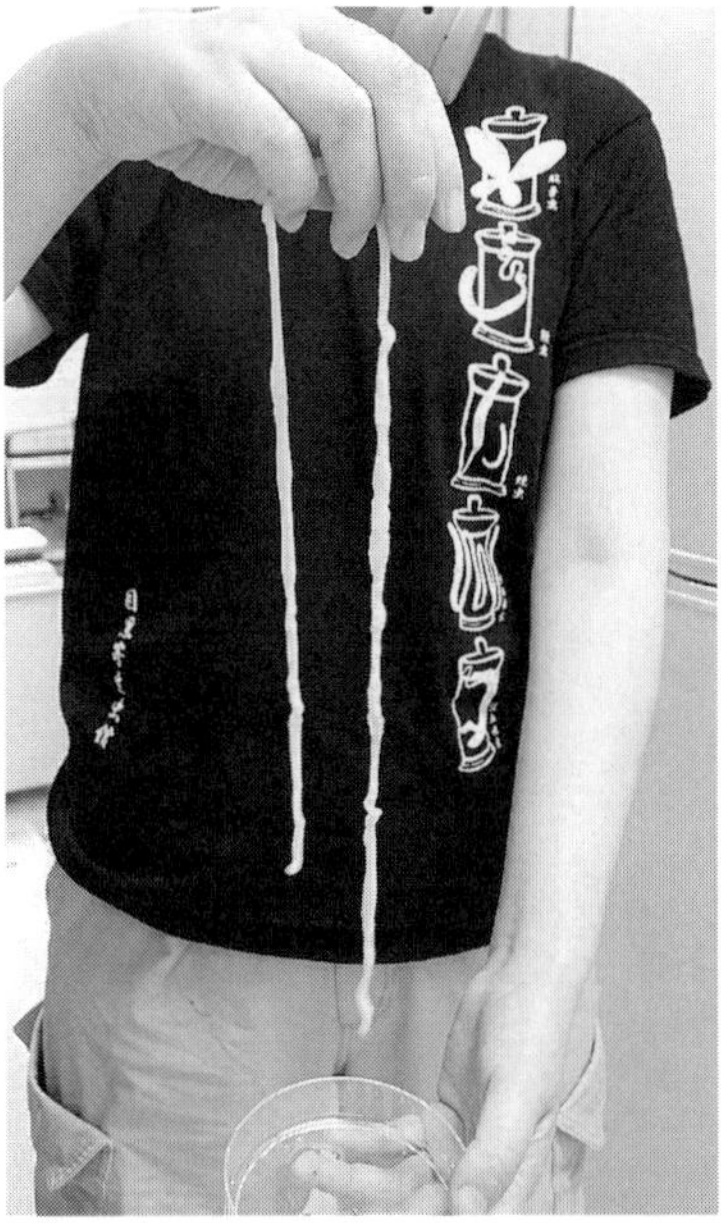

[図 48] ウグイの体腔から巨大なウドンムシを取り出してはしゃぐ筆者。手打ちウドンのようでおいしそう。ちなみに、着用しているＴシャツは目黒寄生虫館で購入できる。

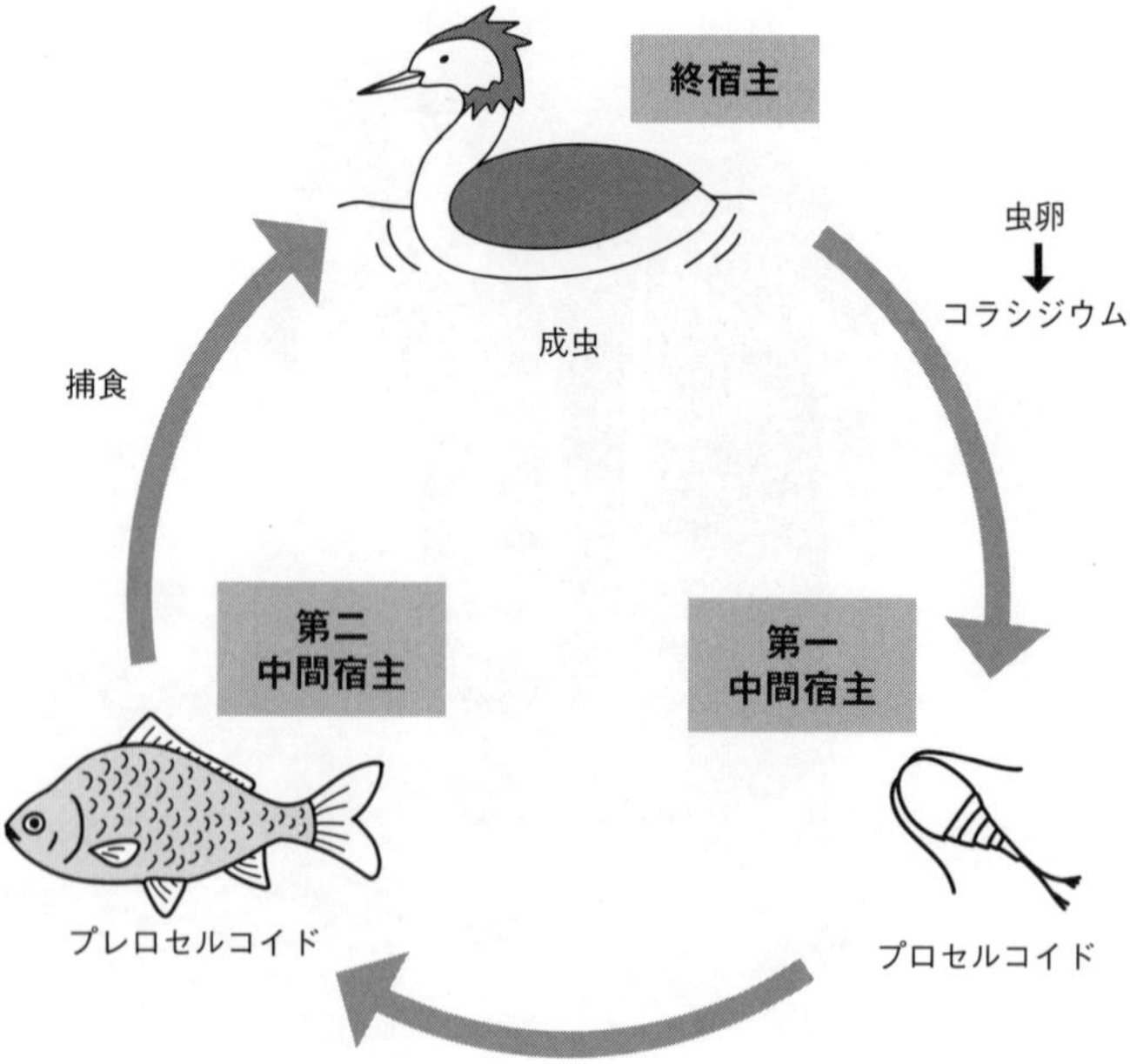

[図 49] ウドンムシのライフサイクル。コイ科魚類に見られるウドンのような虫体はプレロセルコイドのステージであり、生殖器は未発達である。カイツブリの仲間はあまり飛ぶのが上手ではないらしいが、潜水が得意で魚を捕食する。

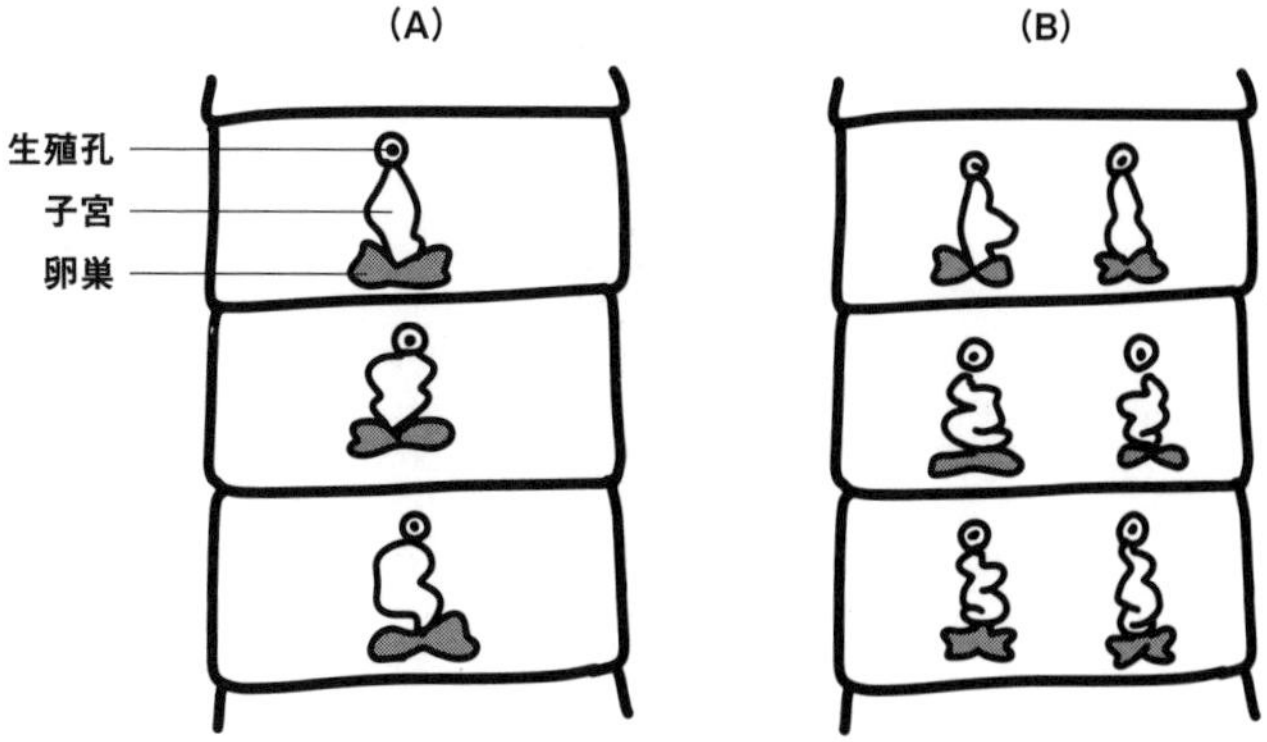

[図 50] 裂頭条虫類の雌性生殖器の配置。(A) では卵巣、子宮、生殖孔を含む雌性生殖器が一つの片節につき1セット、(B) ではこれが2セットずつ存在する。

は二セットなので明らかに別種である。もちろん、DNA配列の違いからも区別できる。裂頭条虫類において生殖器のセット数はたまに複数になることがあるらしく、例えば日本海裂頭条虫は一セット、大複殖門条虫《だいふくしょくもん》（クジラを終宿主とする）は二セット持っている。「複殖門」とは生殖孔が二つということである。気まぐれに生殖器が二セットになることぐらい、彼ら（彼女ら）にとってはささいなことなのだろう。

ウドンムシ属条虫の終宿主は鳥類と考えられているが、鳥類には条虫の成虫がたくさん寄生しており、形態だけで成虫と幼虫が同一の種だと自信を持って言うのが難しい（私だけかもしれないが）。しかし、すでに幼虫のDNA配列情報を持っているので、いつか成虫に出会えたときに照合し、同じ種かどうか自信を持って判定することができる。

カンムリカイツブリという魚食性の鳥から検出された成虫のDNA配列は、ハゼ科魚類由来のものと一致した。もちろん立派に発育した生殖器は一セットであった［図51］。この種はリグラ・インテスティナリスかそれに近縁な種と思われるが、今後、海外のものと比較し詳細な検討を行った上で同定しなければならない。

ウドンムシ属とは異なるウオノハラムシ（シストセファルス）属条虫のプレロセルコイドも同様に魚類の体腔に寄生する。ウドンムシと似たライフサイクルを持つが、ウオノハラムシはトゲウオ類やドジョウ類を利用することが多いようだ。

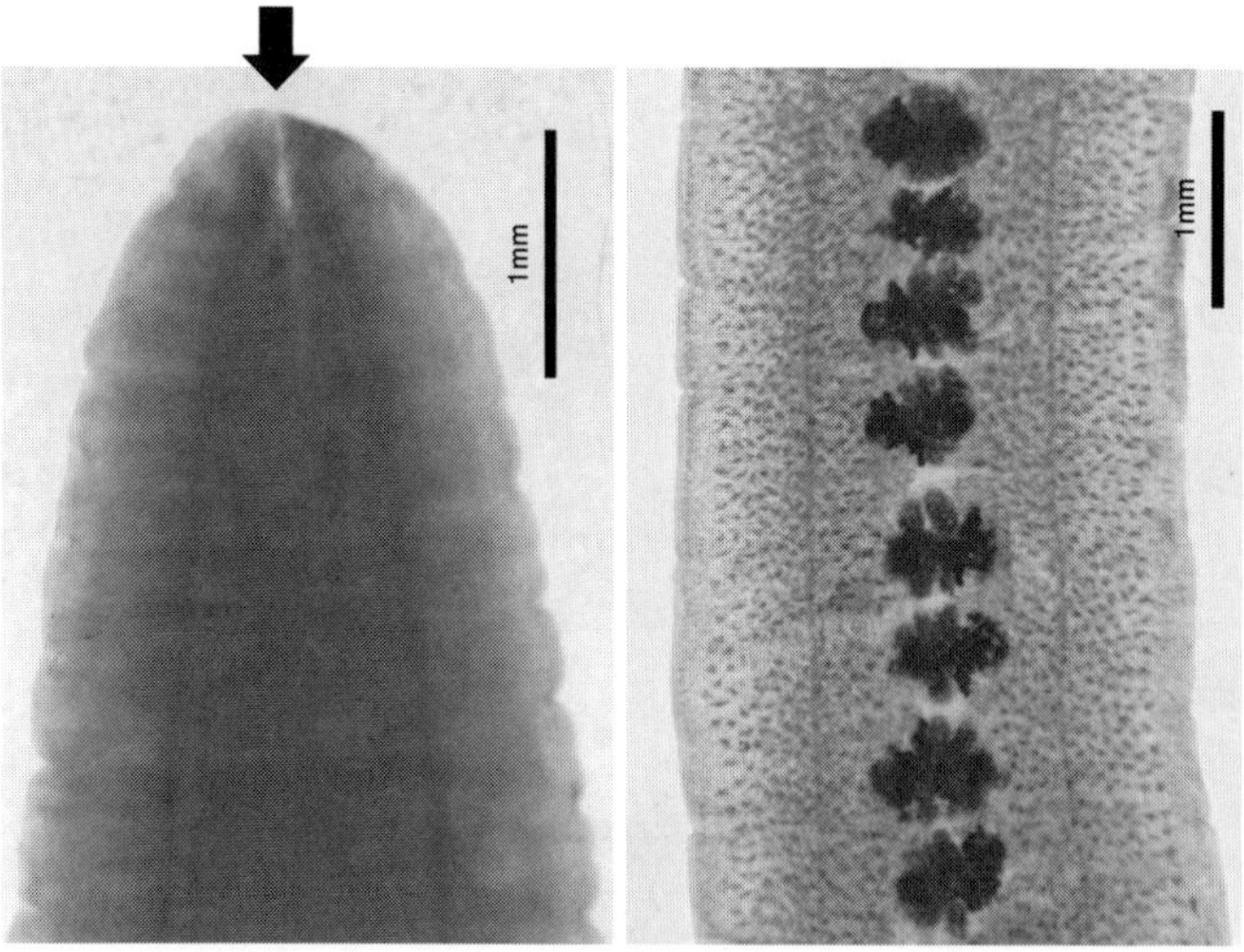

［図 51］ カンムリカイツブリの小腸に寄生するウドンムシ属条虫の成虫。左は頭側、右は成熟した雌雄生殖器を備えた片節が連なっている部分。「裂頭」条虫の仲間なので、頭節に割れ目がある（矢印のところ）。一つの片節あたり、雌性生殖器が 1 セットしかないタイプだ。雌性生殖器の両側の余白部分に無数の点々があるが（写真右）、これが精巣である。

[図 52] イトヨに寄生するウオノハラムシ属条虫のプレロセルコイド。上の写真が虫体摘出前、下の写真が摘出後（イトヨの下に並べてあるのが虫体である)。解剖する前の時点で、すでに腹部に何かが折りたたまれて入っている予感がする。開いてみると、思っていたより大きいプレロセルコイドが出現した。宿主全長より長いではないか。定規の 1 目盛りは 1mm。

ウオノハラムシが寄生したイトヨは腹部、さらには体そのものがいびつな形に膨らんでいる［図52］。日本のウオノハラムシ属にも複数種存在することが分かっており、終宿主は鳥類だと思われるが、成虫は未だ見つかっていない。

魚の腹に詰まっているあのウドンはやがて鳥に食べられて、空を飛ぶ。食べられなければそのまま魚とともに幼虫のまま一生を終える。哺乳類など他の動物に食べられればそのまま死に、消化されて排泄される。寄生虫研究者に見つかれば標本にされる。運任せのウドンである。

第五章

圧倒される個体数と多様性

広い海を回遊する寄生虫

「リリー」の名を冠した美しい吸虫

第四章では淡水に棲《す》む寄生虫が多様であることを述べたが、当然のことながら海はさらにその上をゆく。生き物の種類も個体数も比較にならないほど多いためである。したがって寄生虫の種類も多様で、まだまだ見つかっていない種《しゅ》（未記載種）もたくさん存在するはずだ。

海産の吸虫《きゅうちゅう》も淡水産の吸虫と同様に鳥を終宿主《しゅうしゅくしゅ》とするものがある。海鳥が終宿主となる際に、最も合理的と思われるライフサイクルは、海水産の貝類を第一中間宿主、海産魚を第二中間宿主、そして魚食性鳥類を終宿主としてその消化管内で産卵することだ。生息環境の一致と食物連鎖《しょくもつれんさ》の流れに則《のっと》った誰しも納得のライフサイクルである。

北海道で一般的に食べられる海産魚であるクロソイの筋肉には、黒い粒が点在していることがある［図53］。これはリリアトレマ・スクリャビニという吸虫の幼虫（メタセルカリア）である。この吸虫の第一中間宿主は分かっていない。第二中間宿主がクロソイである。終宿主は魚食性鳥類のヒメウである［図54］。あんなにトゲトゲの魚を丸呑《まるの》みするのも驚きだが、その魚にちゃっかり寄生してヒメウに食べられるのを待っている寄生虫がいる。

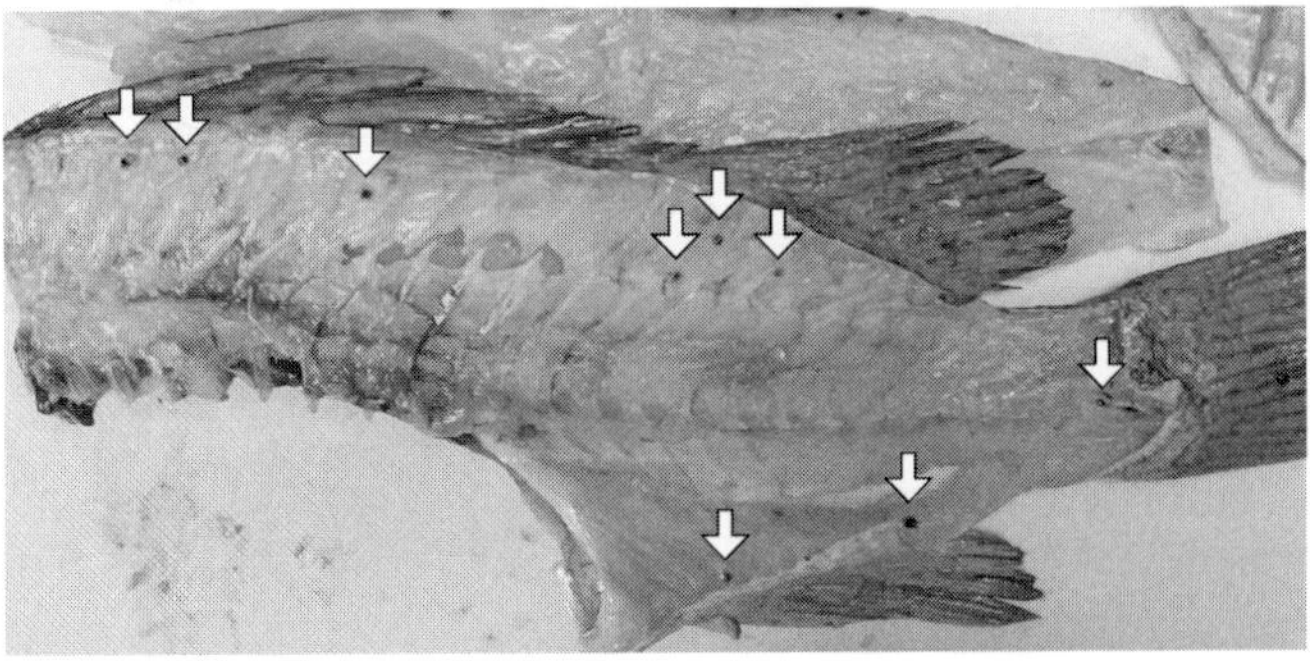

[図 53] クロソイの筋肉に寄生するリリアトレマ・スクリャビニのメタセルカリア。黒い点がたくさんあり、その一つ一つに幼虫が丸くなって入っている。この後、メタセルカリアを含む筋肉をムニエルにして食べたが、口の中でメタセルカリアの存在を感じ取ることはできなかった（つまり、おいしい魚として食べることができる）。ただし、見た目が悪く食用として提供できないので、飲食店からは嫌われている。

ちなみに、リリアトレマというのは吸虫の頭側の形態がユリの花に似ていることから「リリー」の名を冠している（トレマは吸虫の意）［図55］。この部分は口吸盤《こうきゅうばん》が変形したものであり、筋肉質の七つの花弁からなる。極東に分布する美しい吸虫である。リリアトレマ・スクリャビニはヒトには感染せず病害はないが、黒いメタセルカリアが点在する筋肉は見た目や食感が悪く商品価値が下がってしまう。第一中間宿主が不明だが、おそらく海産の貝類だろう。

海産の貝類と一口に言っても、淡水とは比較にならないほどの種がいるが、浅瀬《あさせ》や干潟《ひがた》で簡単に採集できる巻貝からも吸虫の幼虫を得ることができる。淡水にはカワニナがたくさんいるが、干潟を訪れると、これによく似たウミニナやホソウミニナという細長い巻貝が大量に生息しているのを目にすることがあるかもしれない［図56］。

ウミニナの仲間を第一中間宿主として利用する吸虫はとても多い。いくつか拾ってきてプリンの空容器にでも入れ、人工海水を注いで一晩放置してみると楽しい。水中に一ミリにとうてい満たないオタマジャクシのような吸虫の幼虫（セルカリア）が泳ぎ出してくる。黒い紙の上にカップを置いて観察すれば、肉眼でも認識できる。

少し硬いがペンチで割ってみるのもいい。肝膵臓《かんすいぞう》の部分を殻から取り出しピンセットでほぐすと、スポロシストかレジアを見ることができるかもしれない。ほんの少し取ってス

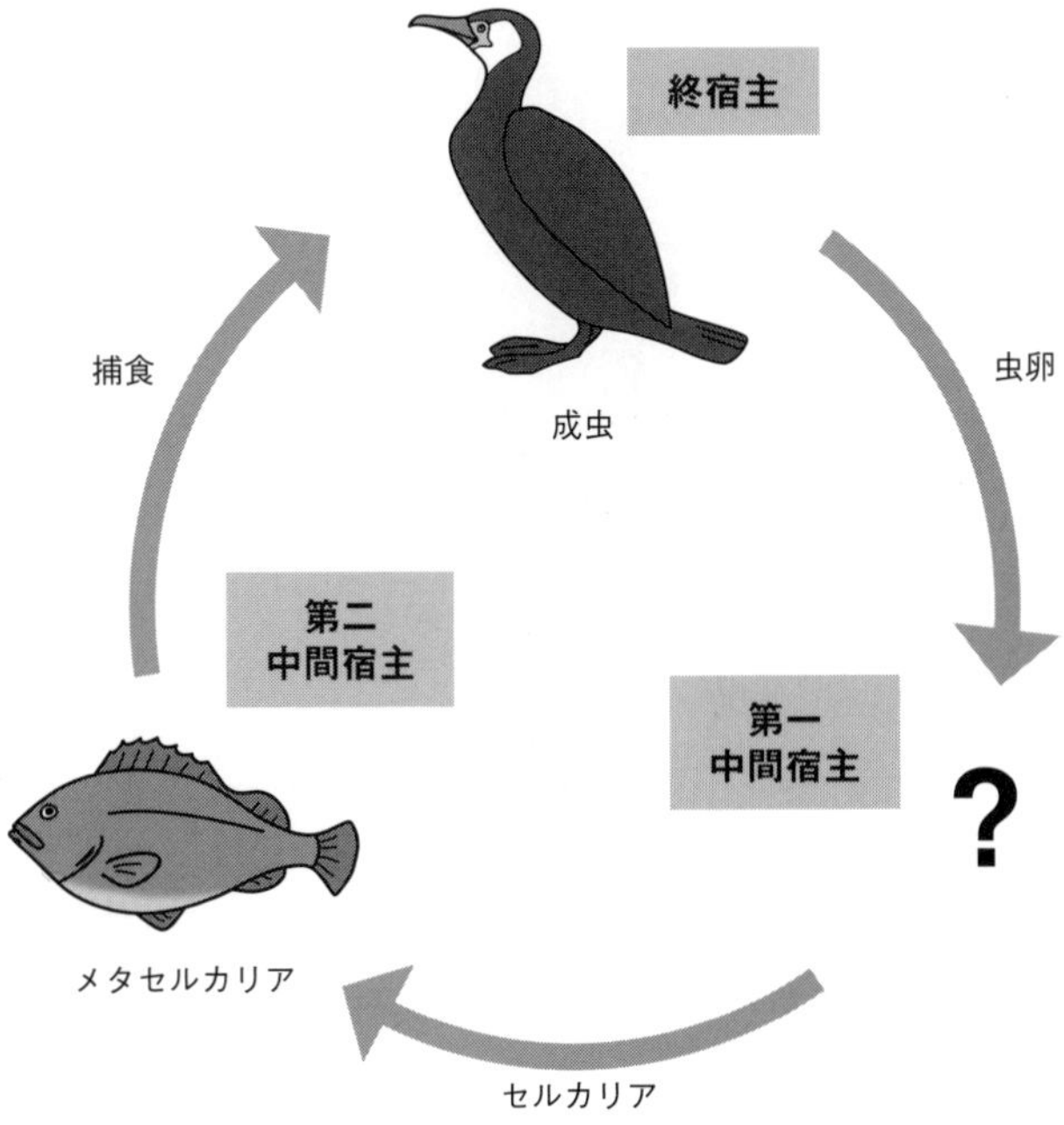

[図54] リリアトレマ・スクリャビニのライフサイクル。第一中間宿主は不明。第二中間宿主（クロソイ）と終宿主（ヒメウ）の捕食・被食関係を利用した典型的なライフサイクルである。クロソイを捌く際に棘で手を痛めることがあるが、ヒメウはこんなものを丸呑みして大丈夫なのだろうか。

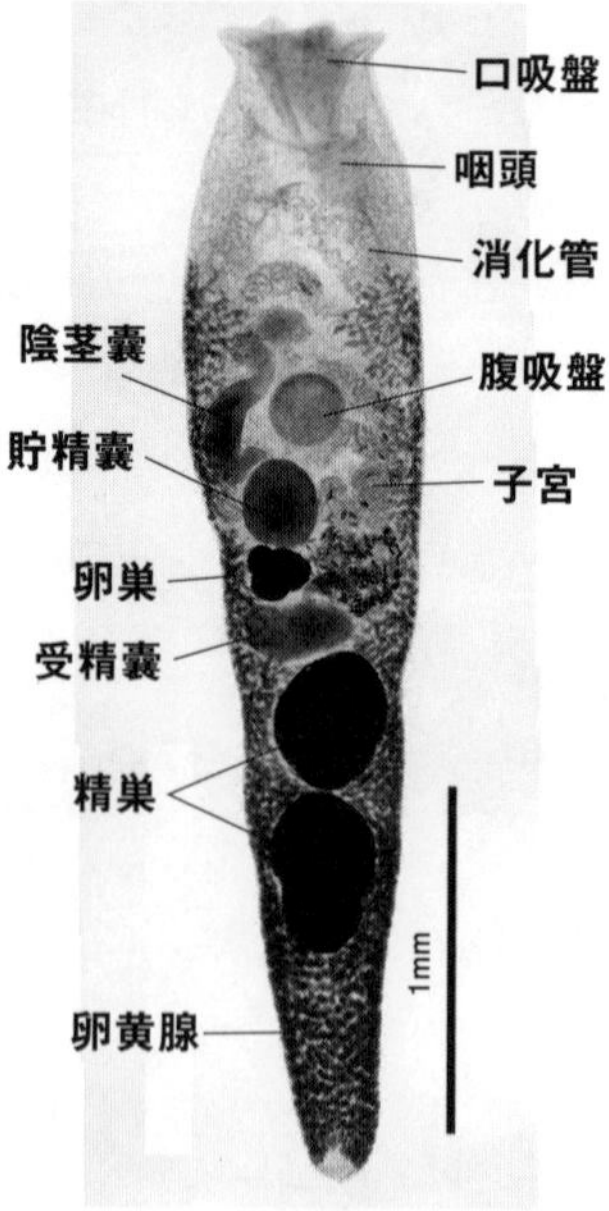

[図55] ヒメウの小腸に寄生していたリリアトレマ・スクリャビニ成虫（ハイデンハイン鉄ヘマトキシリン染色）。口吸盤の形が特徴的な美しい姿と名を持つ吸虫だ。クロソイの黒点の中には、ほとんどこれと同じ形の幼虫が丸まって入っている（ただし生殖器が未熟）。

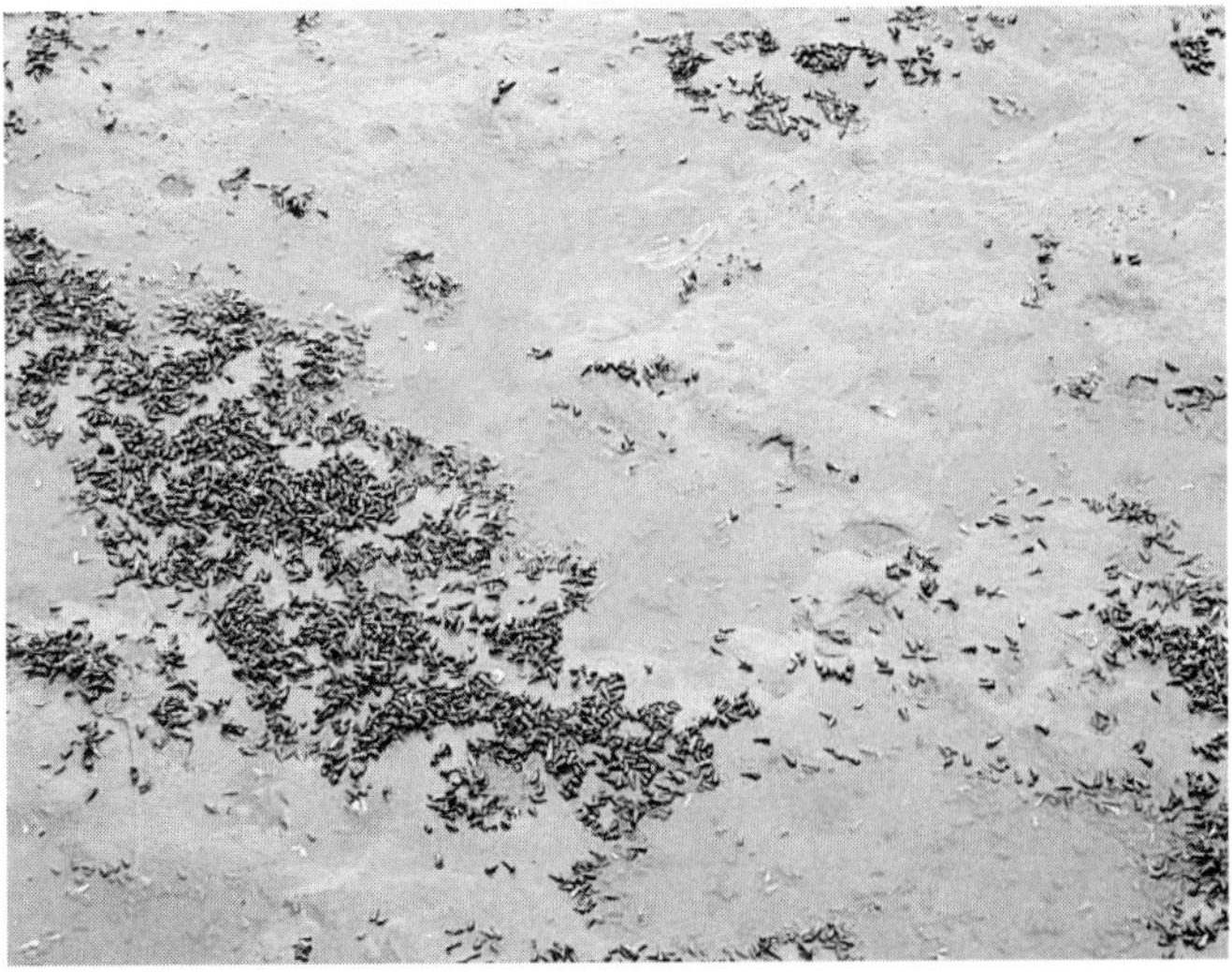

[図 56] 干潟に生息するウミニナの仲間。泥の上に散らばっているのは砂利ではなく全て巻貝である。この水には恐ろしい数のセルカリアが泳いでいるはずである。
写真提供：北里大学獣医学部獣医寄生虫学研究室・原口麻子

ライドグラスに載せ、カバーグラスをかけて顕微鏡《けんびきょう》で覗《のぞ》けば驚くほどたくさんのセルカリアが元気に動いているはずだ。採集場所にもよるが、ウミニナの五割以上が吸虫の幼虫を保有していることもある（八割くらい寄生していたらそこは素晴らしい場所なので大事にすべきである）。

さらに、この吸虫もよく見ると形が異なっていて、複数の種が存在していることが分かる。第四章で淡水の吸虫の多様性を理解していただけたならば、納得がいくことだろう。

めざすは海鳥の眼球

このうちの一つにフィロフタルムス・ヘチンゲリという種がある。私たちの研究チームが二〇二二年に新種記載した吸虫である。干潟で採集したホソウミニナから出てきたセルカリアを観察していると、ノトコチルスと同様にシャーレの底で被嚢《ひのう》してメタセルカリアとなるものがある。ただし、ノトコチルスとは違って透明で、ツボのような形をしている。ツボの中に幼虫が収まっておとなしくしている［図57］。これがフィロフタルムス・ヘチンゲリのメタセルカリアである。

人工海水を満たし、乾かないように蓋をして冷蔵庫に入れておけばしばらくこのまま休眠している。第二章で述べたように、哺乳類《ほにゅうるい》の腸管寄生の吸虫類は消化酵素《こうそ》であるトリ

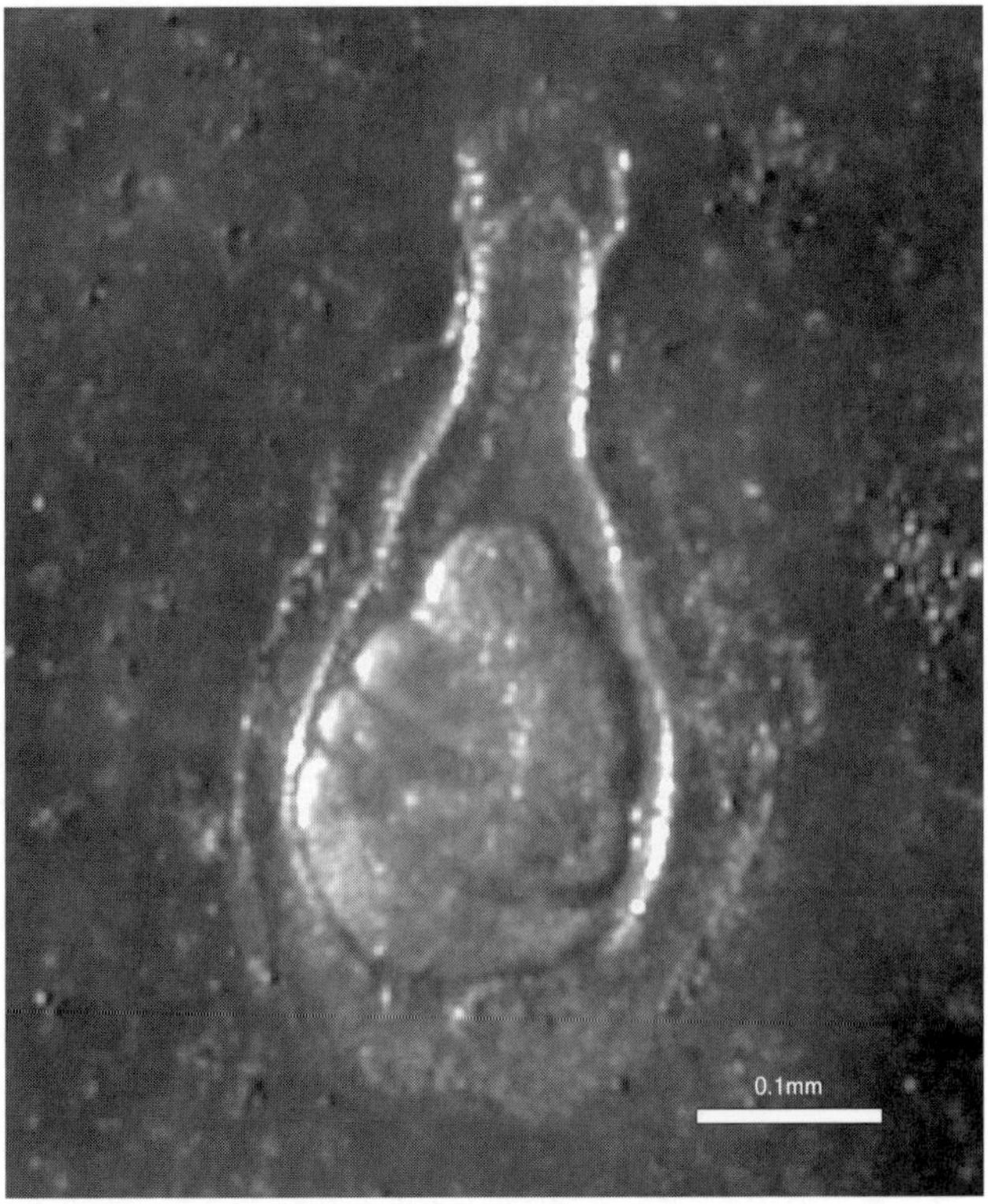

[図 57]　フィロフタルムス・ヘチンゲリのメタセルカリア。セルカリアを海水とともにシャーレに入れて放置すると、このようなツボ型のメタセルカリアとなる。セルカリアがたくさんいると、ツボがたくさんできるので楽しい。シャーレごと 37 度に設定したインキュベーターに入れれば、中に入っている幼虫が活性化して出てくる。

プシン処理を行うことで休眠状態が解除され、脱嚢《だつのう》して成虫へと発育する。しかし、この種においてトリプシン処理は必要ない。

この種のメタセルカリアが目覚めるためのトリガーはたった一つ、温度を終宿主の体温まで上げることである。三七度で一五分ほど温めれば、不思議なことにツボから幼虫がニュルっと出てきてさかんに動き始める。シャーレに引っ付いた数十個のツボから次々に吸虫が出てくる様子は壮観である。

なぜこの種は温度を上げただけで活性化したのだろうか。それは、終宿主における寄生部位が消化管ではなく眼球結膜だからだ。推測されるライフサイクルは次のとおりだ。

自然界において、この吸虫のセルカリアはおそらく砂や貝殻の表面に付着するとそこで被嚢しメタセルカリアとなる。これを終宿主である海鳥が口にすると、胃に至る前、すなわち口の中や咽頭《いんとう》、食道で速《すみ》やかに脱嚢して活性化すると思われる。その後、すさまじい努力で鼻涙管《びるいかん》を通って目に到達し、結膜に吸盤をひっつけてもう離れないと誓うのであろう（そうは思っていないだろうが、私の勝手な想像である）。いったん結膜に到達すればそこで宿主から栄養を摂取し、産卵する［図58］。虫卵は涙と一緒に流れてしまうのではないかと心配になるが、それでよい。終宿主はおそらく頻繁《ひんぱん》に干潟を訪れる鳥類なので、干潟で涙を流せば虫卵は無事に海に帰ってウミニナと出会うことができる。

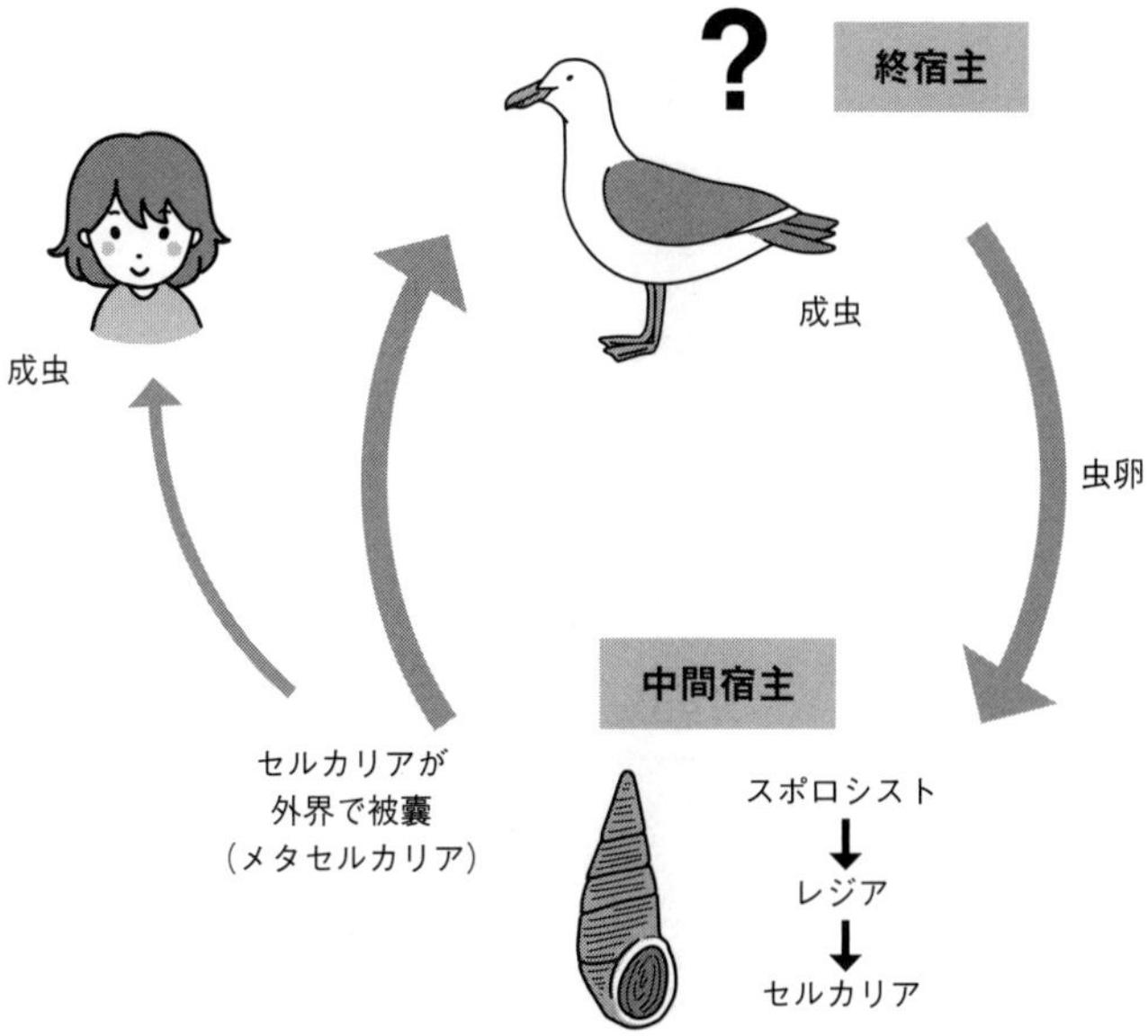

[図 58] フィロフタルムス・ヘチンゲリのライフサイクル。本種の終宿主は不明だが、カモメ類やシギ・チドリ類など干潟を訪れる鳥類と推測される。第一中間宿主（ホソウミニナ）から遊出したセルカリアは石や貝、海藻の表面などで被嚢し、これが終宿主に取り込まれると成虫になる。無機物が第二中間宿主の役割を果たすことで、二宿主性の形をとっている。二宿主性に短縮されたライフサイクルを持つものには日本住血吸虫（[図 8] 参照）やロイコクロリディウム属吸虫（[図 29] 参照）があるが、それぞれ短縮の方法が異なる。

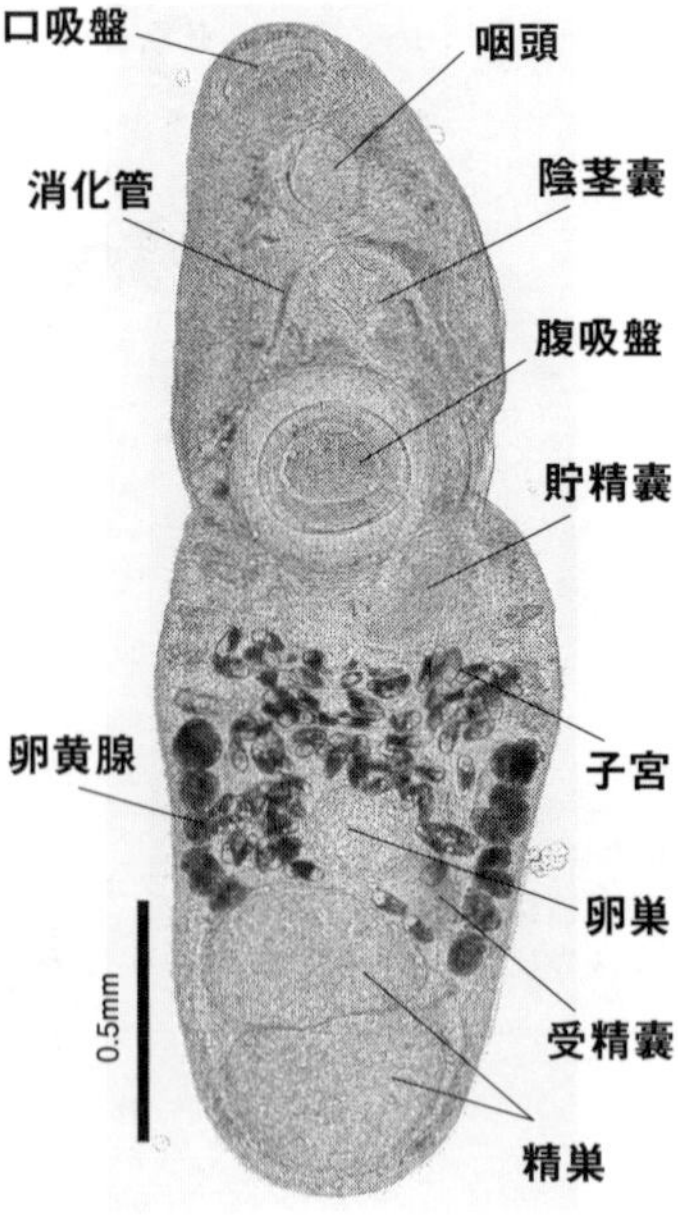

[図 59] フィロフタルムス・ヘチンゲリの成虫。ウズラを用いた感染実験により得られたもの。自然界における終宿主は不明である。左右に存在する五つ前後のボールが連なったような卵黄腺が特徴である。

ちなみに、結膜に寄生することはウズラを用いた感染実験で確かめたが、自然界での終宿主は明らかになっていない［図59］。シギかチドリかはたまたカモメか、干潟に遊びに行ったときには想像を巡《めぐ》らせてみてほしい。

九〇年の時を経て

フィロフタルムス属の多くの種が鳥類の結膜に寄生することが知られており、淡水産の巻貝カワニナを中間宿主とするフィロフタルムス・グラリという種はニワトリに寄生するので世界中に広まっている。ニワトリは世界中の人々が食料として利用する生き物だからだ。北海道のキンクロハジロ（カモの仲間）の結膜からフィロフタルムス属を見つけたとき、未記載種ではないかと興奮したのだが、DNA《ディーエヌエー》解析の結果、東南アジアのフィロフタルムス・グラリと同種であった［図60］。新種ではなかったので少しがっかりしたが、同時に、東南アジアと北海道で同じ種が存在することに驚いた。ニワトリを介して世界中に運ばれ、その土地のカワニナを利用して定着したのだろう。

実は、一九三四年に山口左仲《さちゅう》先生がホシハジロから得られたものをフィロフタルムス・ニロカエとして記載しており、これは後年フィロフタルムス・グラリのシノニム（異名同種、先に命名されたものが有効となる）とされた。

私がキンクロハジロの結膜から得た吸虫は、おそらく山口先生がホシハジロから見出したものと同じものであり、これが実はフィロフタルムス・グラリであったというところまで、過去の研究をなぞった。少し悔しいのと同時に、憧《あこが》れの研究者の見たものを九〇年近くの年を経て見つけたことがうれしくもある。また、分子同定という手法を使うことができなかった時代に、これがフィロフタルムス・グラリのシノニムであると指摘したヒルダ・レイ・チン先生の眼力にも驚くばかりである。

フィロフタルムス属吸虫の多くは鳥類を終宿主とするが、稀《まれ》にアザラシなどの哺乳類を終宿主とする種もある。また、フィロフタルムス・ヘチンゲリを含む数種は偶発的にヒトに寄生することがあり、これまでに世界で一一症例が報告されている。ヒトへの感染経路は不明である。

砂などに付着したメタセルカリアが偶然口に入って感染するのだろうか。感染しても重《じゅう》篤《とく》な害はなく、ゴロゴロするとか結膜炎になる程度と言われているが、変な虫が眼に寄生していたら普通は嫌だろう。私は少し憧れる（寄生されてみたい）のだが、泳げないし海岸で水着をまとってキャッキャするともうないと思うので、自分の結膜で飼育する機会はないだろう。シャーレの底に被嚢したメタセルカリアを飲み込めばできるかもしれないが、それはさすがに一線を超えてしまう気がして嫌だ。

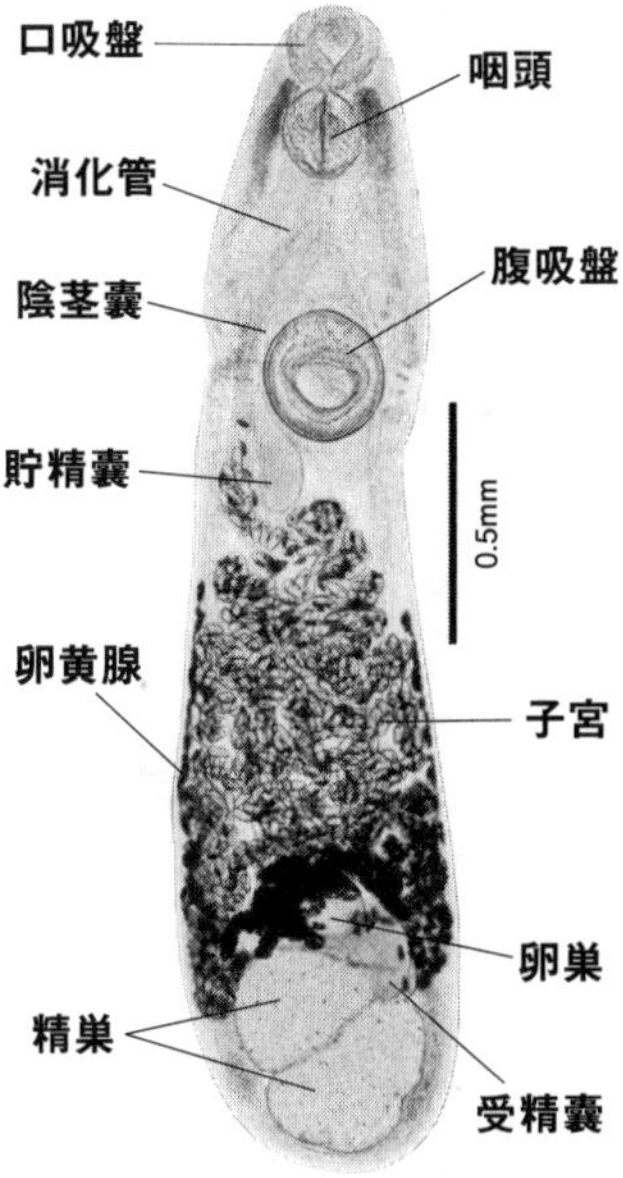

[図 60]　キンクロハジロの結膜に寄生していたフィロフタルムス・グラリ成虫(無染色)。子宮内虫卵はすでに成熟しており、眼点のある幼虫（ミラシジウム）が入っている。卵黄腺は胞状から線状。中間宿主は淡水棲の巻貝であるカワニナ。

フィロフタルムス・ヘチンゲリの種小名《しゅしょうめい》はカリフォルニア大学のライアン・F・ヘチンガー博士に献名したものである。彼は二〇〇七年以前にすでに千葉県および宮城県の海岸でホソウミニナからこの種を発見していた。しかし、成虫が見つかっていなかったため、「フィロフタルムス科《か》の一種」として扱った。その後、私たちが感染実験により成虫を得て記載し、種小名に彼の名をあてた。論文投稿前にヘチンガー博士に報告したところ、大変喜んでくださった。

ニシンやホッケでアニサキスを観察

リリアトレマ・スクリャビニをはじめとして、魚類を中間宿主として利用する吸虫類が数多く存在することはすでに述べた。これは吸虫類にかぎらず、条虫や線虫、鉤頭虫《こうとうちゅう》でもよく見られるライフサイクルである。それほどに魚というのはいろいろな動物に食べられている。誰もが知っているであろう有名な寄生虫、アニサキスもその一つで、魚類を利用して終宿主まで到達する。

「スーパーで買った魚にアニサキスがいた」「サバを釣って食べたらアニサキスに感染した」という話をよく聞くが、この場合のアニサキスとは「アニサキス属（ときにこれに近縁な属を含むこともある）の第三期幼虫」のことを言う。

アニサキス属線虫（面倒なので以下アニサキスと呼ぶ）の成虫は、終宿主であるイルカやクジラなど海棲《かいせい》哺乳類の胃に寄生している［図61］。終宿主の糞便《ふんべん》中に含まれる虫卵内で幼虫が発育し、水中で孵化《ふか》すると、大量の小さな幼虫が海を漂うことになる。この幼虫がオキアミに取り込まれればその体内で第三期幼虫まで発育する。第三期幼虫は、終宿主への感染性を有するステージである。これがクジラなどに食べられればその胃で成虫となる。したがって、オキアミとクジラだけでもライフサイクルは完成する。

ところがさらに終宿主への感染の機会を増やす秘策があり、それが魚類の利用である。サバやニシンなどの魚類が第三期幼虫を保有するオキアミを食べると、幼虫は消化管を通過し、臓器の表面などで第三期幼虫のまま壁を作って休眠する（サケなどでは壁を作らず筋肉に寄生することもある）［図3］。これらの魚類は日々オキアミをたくさん食べるので、第三期幼虫が蓄積される。

これを一尾食べただけで、終宿主は多くの成虫に寄生されるはめになる。アニサキスのライフサイクルにおいて、魚類はあってもなくてもよい存在であるが、あったほうがより終宿主へ到達するチャンスが増える。魚類は体内に第三期幼虫を多く保有できる、オキアミよりも寿命が長い、海棲哺乳類が好んで食べるなどの利点がある。このような宿主を待《たい》機宿主《きしゅくしゅ》あるいは延長中間宿主と呼び、ライフサイクルに必須な中間宿主とは区別する。

ちなみに、私は本州の魚類についてはあまり詳しくないのだが、北海道でアニサキス幼虫を観察するのに適している魚種はニシンやホッケなどである。これらは高率で幼虫を保有しており、しかも安価でおいしいという最高の魚である。

魚から得られるアニサキス幼虫を特定の種ではなく「アニサキス属」と呼ぶのは、この中に複数の種が含まれているためだ。寄生虫の種を同定する上で、生殖器の形態が非常に重要な鍵となる。したがって、基本的に成虫を観察しなければ種同定ができない。魚から得られるアニサキスは幼虫ステージなので生殖器が未発達であり、種を決めることができないのである。ただし、一個体ずつDNA解析を行い、すでに知られている成虫の配列と照会すれば、分子同定は可能である（DNAバーコーディング）。

DNA配列を調べることができなくても、アニサキス幼虫は形態からおおまかに四つに分けることができる。このときに観察すべきポイントは幼虫の胃部の形態と尾部の突起、そして各部位の計測値である。現在、アニサキス幼虫は形態学的にⅠ～Ⅳ型の四つに分類されている。

Ⅰ型は胃部が長い台形のような形をしていて尾突起がある［図62］。Ⅱ～Ⅳ型幼虫はⅠ型幼虫と比べて胃部が短く、尾突起がない。Ⅱ型幼虫は尾が細長く、Ⅲ型幼虫は尾が短い。Ⅳ型幼虫は尾が細長いが、体サイズが最も小さい。

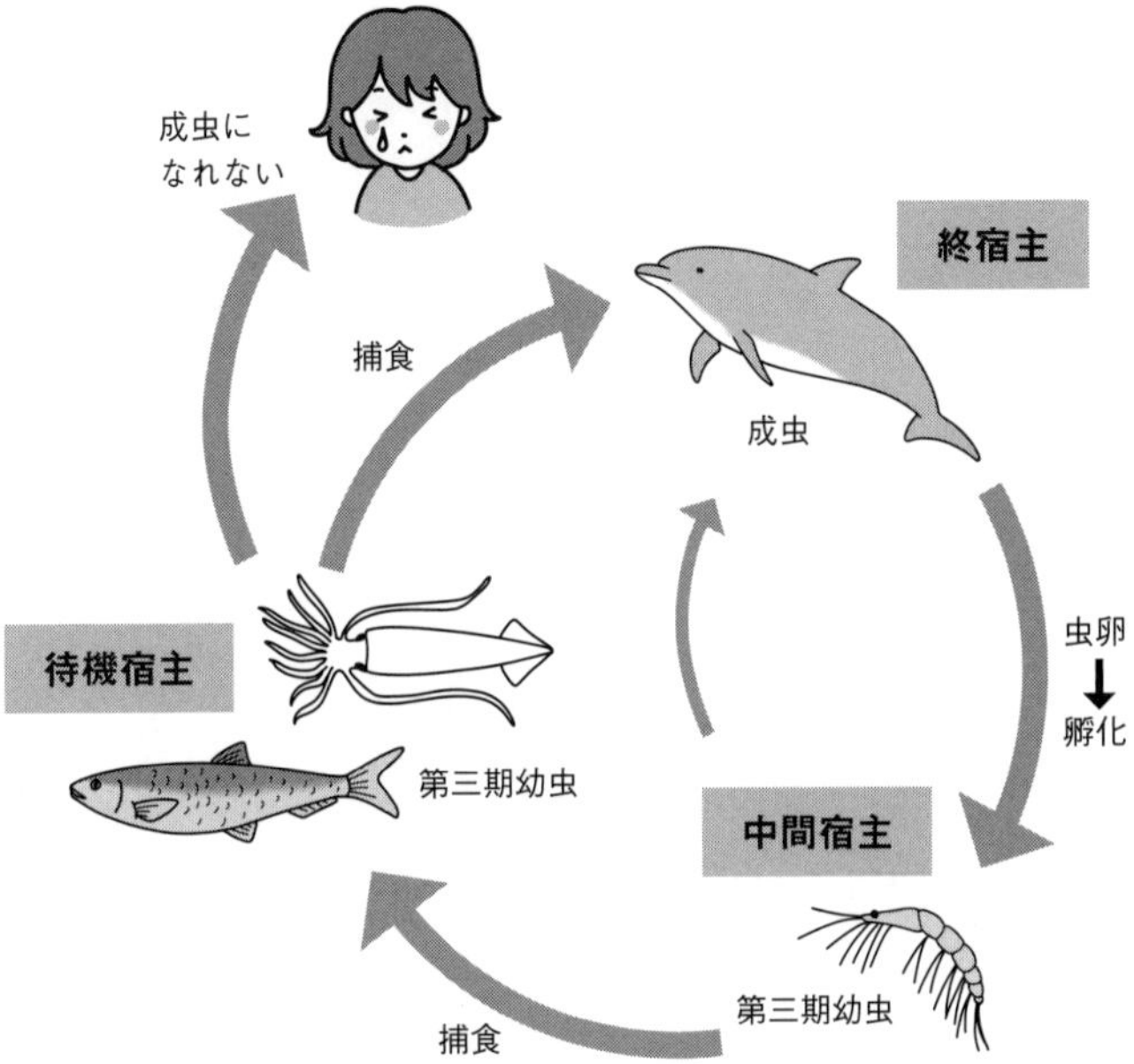

［図 61］アニサキス属線虫のライフサイクル。成虫は終宿主（イルカやクジラ）の胃に寄生する。終宿主の糞便とともに海中にまき散らされた虫卵の内部で第三期幼虫（終宿主への感染能を持つ）の一歩手前まで発育する。これが孵化し、出てきた幼虫が第一中間宿主（オキアミ類）に取り込まれると第三期幼虫となる。これが終宿主に取り込まれれば成虫になる。また、海産魚に捕食されればその体内で第三期幼虫のまま被嚢する。これにより寿命が延び、終宿主に取り込まれるチャンスが増える。これをヒトが食べてしまうとアニサキス症となる。ヒトに取り込まれた場合、アニサキス幼虫は成虫になることができない悲しき運命にある。

Ⅰ型にはアニサキス・シンプレックス、アニサキス・ペグレフィイ、アニサキス・ベルランディ、アニサキス・ティピカ、アニサキス・ジフィダルムおよびアニサキス・ナセッティイが含まれる。Ⅱ、Ⅲ、Ⅳ型はそれぞれアニサキス・フィゼテリス、アニサキス・ブレビスピキュラータおよびアニサキス・パギアエとされており、これら三種は幼虫の形態から同定が可能である。

北海道のニシンやホッケに寄生しているものはほぼ全てがⅠ型幼虫であり、実は私はその他の型を見たことがない（寄生虫研究者であっても、自分の専門外の寄生虫は案外見たことがなかったりする）。得られる幼虫は宿主の生息する海域や水深により異なると言われている。

クジラの胃に驚くほどたくさんのアニサキス

アニサキスのライフサイクルにはヒトは含まれない。それなのに、こんなにも世間の注意を惹《ひ》き、怯《おび》えさせているのはなぜだろう。アニサキスは前述のとおり海棲哺乳類を終宿主とする。これがヒトに感染した場合、残念ながら（寄生虫目線で言えばの話だが）成虫まで発育することはできない。ただし、試しに胃に頭を突っ込んでみることはするらしく、それが強烈な痛みを引き起こす（アニサキス症）。

アニサキス幼虫はときにアナフィラキシーの原因となることもあり、何度も感作《かんさ》されて

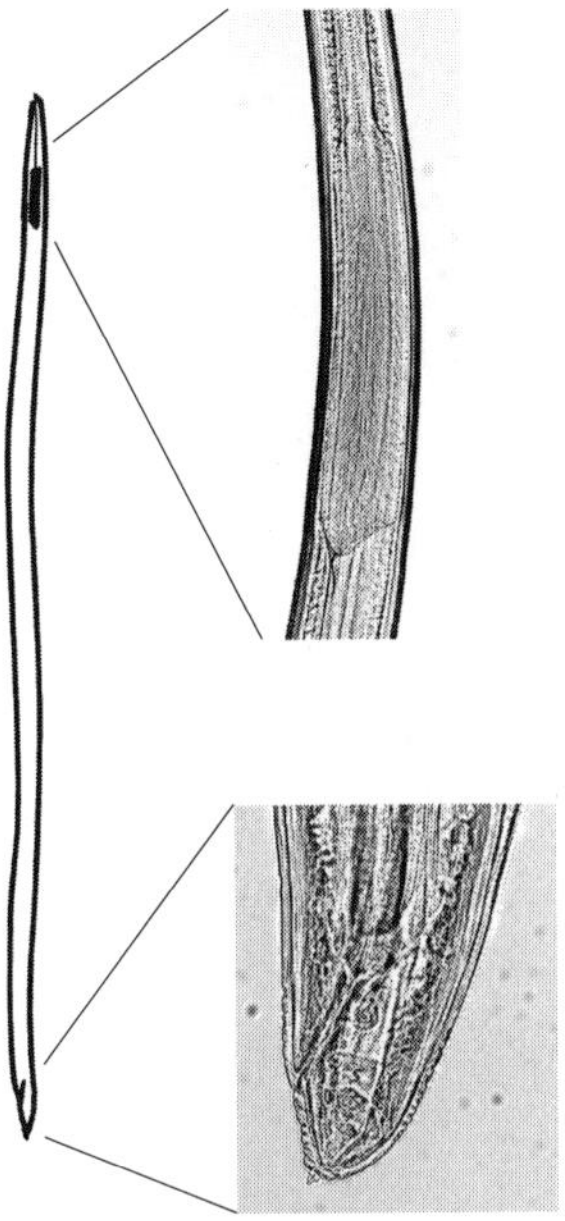

[図 62]　アニサキスⅠ型幼虫。胃部（右上）が長く、尾部（右下）に突起がある。Ⅱ～Ⅳ型幼虫はⅠ型と比較して胃部が短い。胃部がさらに複雑な形をしているものはシュードテラノーバ属やコントラシーカム属あるいはその他の線虫である。魚の消化管内に線虫がいることはよくあるが、これはアニサキス幼虫ではなく、魚を終宿主とする線虫の成虫である。

いる方は要注意である。胃壁に刺さっている場合、我慢すればいずれは脱落して死んでしまうのだが、多くの場合は病院に駆け込むことになるだろう。内視鏡を用いて虫体を摘出しなければ痛みから解放されることはない。ある経験者は「三日くらい我慢していたがやはり耐えられず病院に行った」と言っていた。患者も頑張ったが寄生虫も相当頑張ったのだと思う。

何度も言うが、「特定の動物には寄生できるがその他の動物には寄生できない、あるいは発育できない」ことを宿主特異性という。宿主特異性の程度は寄生虫種によって異なり、「特定の種の動物でなければ宿主として認めない」という厳格な寄生虫がある一方で「この動物の仲間ならまあオッケー」というものや「割と何でもいいや」というものまで様々である（ヒトの性格みたいだ）。

宿主特異性を規定する要因もまた様々だが、アニサキスのように免疫応答《めんえきおうとう》で排除される場合が一因としてあるだろう。その他にも、その動物の食性や代謝など多くの要因があると思うが、いずれにしても寄生虫と宿主が長い年月をかけて一緒に進化していく過程で互いに影響しあい、許容しあって現在の関係が築かれたと考えられる。

ヒトはたった一匹のアニサキス幼虫に悩まされるのに、クジラの胃には驚くほどたくさんの成虫が普通に存在している。国立科学博物館にはアニサキス成虫が寄生したクジラの胃が液浸標本《えきしんひょうほん》として展示されているので、ぜひ一度ご覧になり、寄生虫と宿主の共進化について思いを馳《は》せていただきたい。

刺身を食べながら考える

シュードテラノーバ属線虫もアニサキスとよく似たライフサイクルを持つ。海産魚に幼虫の寄生が見られるが、トゲカジカ（カジカというと淡水魚を想像されるかもしれないが、トゲカジカは海の魚である）やソイの筋肉内に見られることがある。どちらも北海道ではお馴染みの魚だ。トゲカジカは鍋や汁物にして食べることが多いが、ソイは厚めに切った刺身で食べることがある。そのような場合、ヒトに感染することがある。

アニサキスとシュードテラノーバの抗原《こうげん》はよく似ており、交差反応を示すことがあるので注意が必要だ。つまり、アニサキスに対してアレルギー反応を示す人は、シュードテラノーバ抗原が体内に入ったときにも同様の反応を起こす可能性がある。

魚に寄生する第三期幼虫のステージにおいて、腸管から頭側へ向かって小さな出っ張り（盲嚢《もうのう》）を持つものはシュードテラノーバであり、アニサキス属との違いは明らかである［図63］。臨床医からヒトの胃壁から摘出されたものの同定を依頼されることがあるが、その場合は少し発育しているので盲嚢が見えづらく、顕微鏡下で解剖《かいぼう》して胃部を観察することもある。また、内視鏡による摘出時に鉗子《かんし》でつかむことにより胃部が破損することも多いため、その場合は遺伝子解析による種同定が行われることもある。

摘出した幼虫がシュードテラノーバであろうがアニサキス何型であろうがどうでもよいと思われるかもしれない。だが、医師は病気を治せばそれでよいというわけではなく、それぞれの寄生虫種のヒトへの病原性や、重症度に関連する宿主（ヒト）側の要因を知り、データを共有しなければならない。また、寄生虫が存在する魚種、海域、時期などを長期間にわたって解析することで、ヒトへの感染のリスクを把握することは公衆衛生上必要なことである。これらのデータは、アニサキスやシュードテラノーバのライフサイクル、さらには魚類や海棲哺乳類の生態を解明する上でも重要なものとなる。

アニサキス症はウイルスや細菌感染症などとは異なり、病原体が大きいので取り除くことが比較的容易である。したがって、適切な調理により、おおむね防ぐことができる。また、寄生数の多い魚種は冷凍処理などにより安全に食べられる。たまに、「よく噛《か》んで食べればアニサキスは死ぬから大丈夫」と聞くが、アニサキスは硬くて滑るし多少の傷を受けても口腔《こうこう》や胃に突き刺さるだろう。小さいから噛み合わせをすり抜ける可能性も高い。また、たとえバラバラになってもアニサキス抗原に対する過敏症を持っている方は要注意だ。そしてそもそも、刺身や寿司《すし》は数回咀嚼《そしゃく》して飲み込み、日本酒でスッキリ、という食

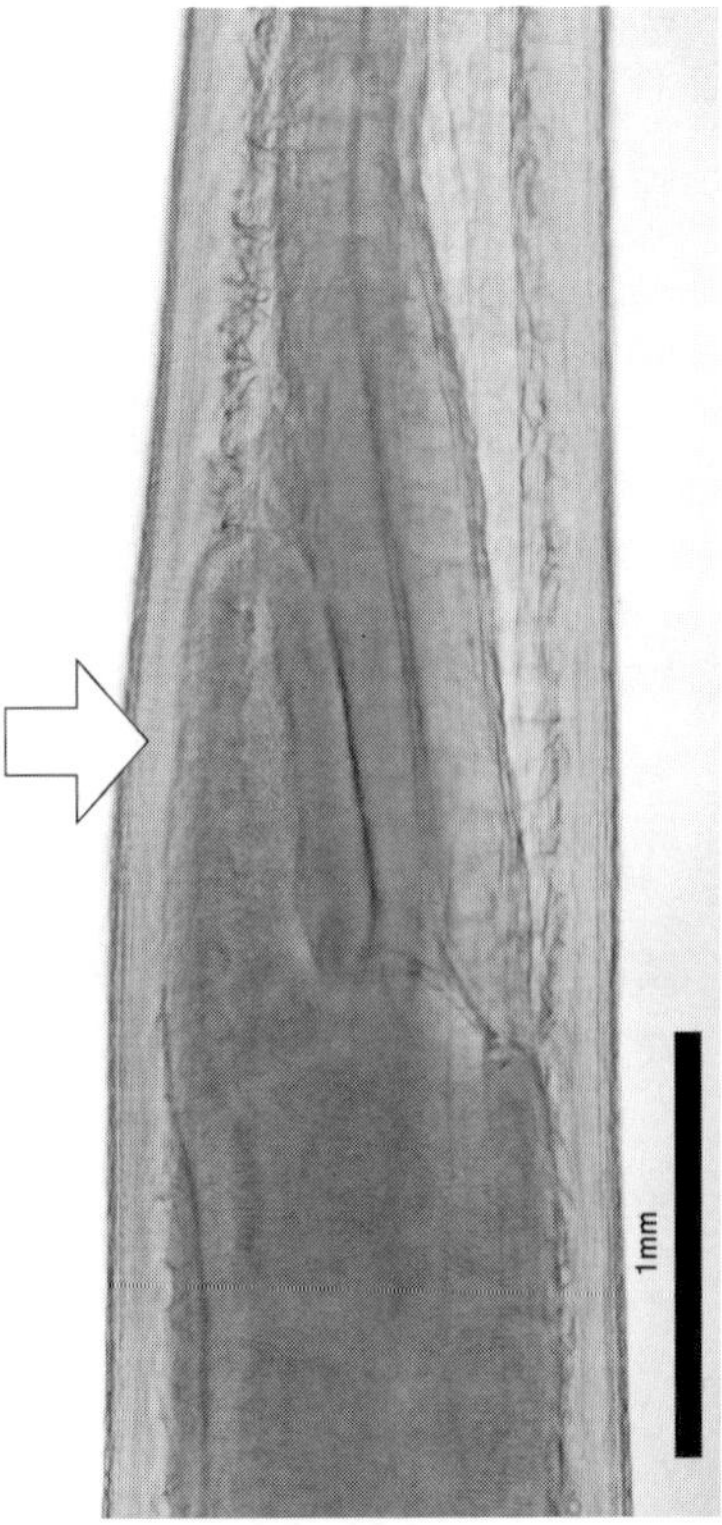

[図63] トゲカジカの筋肉に寄生していたシュードテラノーバ属線虫の第三期幼虫。腸管から頭側に出っ張った盲嚢がある（矢印のところ）。魚に寄生する第三期幼虫のステージにおいて、シュードテラノーバはアニサキスより大型でピンク〜赤みがかっていることが多い。

べ方が好ましい（完全に個人の好みである）。アニサキスのことを考えながらいつまでも噛み続け、生温《なまぬる》くなってしまった刺身を飲み込むのは辛《つら》い。

家庭での寄生虫学入門

病気を引き起こすため嫌われがちなアニサキス幼虫だが、寄生虫観察には最高の教材となる。ご家庭での寄生虫学入門として、生魚を捌《さば》いて生きたアニサキス幼虫を観察し、その後調理しておいしく食べるというのをおすすめしている。魚を解剖して生きたアニサキス幼虫を採集するだけでも十分に楽しめるが、標本の作り方やその観察法を知れば、大人も子供も夢中になるはずだ。それでは、アニサキス幼虫観察の手順を伝授しよう。

まず、魚を買ってくる。冷凍ではなくて生がよい。全体を眺め、体表やエラもチェックする（アニサキス以外のおもしろい寄生虫がいるかもしれないため）。確認してから、お腹を開いて消化管漿膜《しょうまく》面（消化管の外側）や卵巣表面などに渦を巻いて寄生しているアニサキス幼虫を取り出す（消化管の内部にはアニサキスとは別の線虫《せんちゅう》、もしくは吸虫《きゅうちゅう》や条虫《じょうちゅう》、鉤頭虫《こうとうちゅう》が寄生しているかもしれないが、それに手を出すと寄生虫に夢中になって抜け出せなくなってしまう）。アニサキス幼虫が寄生しているかどうかは運次第なので、寄生していなかったら次回に期待する。容器に水を入れて、その中に幼虫を入れる。渦巻をやさしくほぐすとくねくねと細長い虫体が動き出すので、しばらく眺める。幼虫の体は白いので、透明の容器の下に黒い紙などを敷いておくと観察しやすい。私は自宅キッチンでは黒い皿を使っている。この時点でピンセットや筆を使って虫体を一個体ずつ丁寧にほぐし、余分な組織を取り除いておく。この幼虫を標本にすべく、なるべく生きている時に近い状態で生命活動を止める（固定）。

アニサキス幼虫に適しているのは熱とエタノールを使う固定法だ。まず、動いているアニサキス幼虫にお湯（八〇度くらい）をかける（火傷《やけど》に注意）。すると幼虫が伸びてくるので、動かなくなったら取り出して七〇パーセントエタノールに入れる。熱処理をせずにエタノールに入れると、くるくるときつく巻いたまま固定されてしまう。

二〇一九年に発生した世界的なウイルス感染症のおかげで、消毒用エタノールを常備する家庭が増えた。それ以前は、うっかりキッチンで寄生虫を発見したときにエタノールがなくて、仕方なく焼酎（しかも芋）に入れ、翌日エタノールに入れ替えたりしていた。芋焼酎の固定力がどれほどなのかよく分からないので、みなさんには消毒用エタノールを使っていただきたい。エタノールとともに好みの瓶に入れ、採集日や採集者、宿主や寄生虫の情報をラベルすれば立派な液浸標本の完成だ。

さらに透徹《とうてつ》（虫体を透明にして内部構造を観察しやすくする）することも可能だ。ドラッグストアでグリセリンを買ってきて、水で薄める。濃度は五パーセントほどで、厳密でなくて構わない。これにエタノールから取り出した幼虫をそっと入れ、二〜三日放置する。その後、一〇日ほどかけてグリセリン濃度を一〇パーセント、二〇パーセントと徐々に上げていく。すると虫体が透明になっていく。これを虫眼鏡あるいは学校にある顕微鏡を用いて観察すると、前述の胃部や尾突起《びとっき》が観察できる。私がまだ見たことのないII型やIII型を発見できるかもしれない。うらやましい。

ちなみに、私は先頃に本州のイワシを購入し、上記手順でアニサキス幼虫を三匹回収した。今はエタノールに保存してあるが、時間ができたときに透徹して観察するつもりだ。イワシ本体は大好物の梅煮にして食べた。寄生虫を回収した後、最適な調理法を考えておいしく食べるところまでが私にとっての魚の楽しみ方だ。

機能美を備えた鉤頭虫

鉤頭虫の中にもアニサキスとよく似たライフサイクルを持ち、ヒトへの病害が報告されているものがある。コリノソーマ属あるいはボルボソーマ属の鉤頭虫である。

そもそも鉤頭虫とはどのような生き物なのだろうか。鉤頭虫は鉤頭動物門に属する動物で、この門の動物は全て寄生性である。アニサキスやロイコクロリディウムなどの寄生虫界の花形スターとは違って知名度が低いが、私はとても好きな寄生虫である（好みには個人差がある点はご承知いただきたい）。

その魅力は何といっても吻部《ふんぶ》（頭部にある固着器官）に備わっているキラキラとした装飾（フック、鉤《かぎ》）である【図64】。美しいカーブを描いた逆針が整然と並んだ様子もさることながら、この吻部は反転して内部に引き込むことができ、その際に針は内側に収納されるという圧倒的機能美！　世界でもあまり多くない鉤頭虫の専門家は、このフックが縦に何本並び、それが一周で何列あるかによって医学的に重要でもない寄生虫の種同定の手がかりとする。このような寄生虫学者の仕事はまるで貴族の遊びのようで、かつて博物学がお金持ちの道楽であったことも頷《うなず》ける。つまり、現代社会ではあまりお金にはならない仕事かもしれない。だがそれがいい。

話を戻さねばならない。コリノソーマとボルボソーマはいずれも海の鉤頭虫で、前者は鰭脚類《ききゃくるい》（アザラシやトドなど）、後者は鯨類《げいるい》（イルカやクジラなど）を終宿主とすることが多い。これらのライフサイクルには端脚類《たんきゃくるい》などの中間宿主が必要で、虫卵を取り込んだ中間宿主の体内でシスタカンスと呼ばれるステージまで成長する。シスタカンスは終宿主に取り込まれれば成虫になれるが、小さな節足動物は多くの場合、魚類に食されるであろう。この場合、シスタカンスは魚類の消化管壁を通り抜けて反対側へ行き、吻部を胴部に引き込み、くるりと丸まって休眠する。アニサキスと同様、より寿命が長く、終宿主へ到達しやすい魚類（待機宿主、延長中間宿主）の体内で感染の機会を待つ。これが鰭脚類や鯨類に取り込まれれば成虫となり、消化管内で雌雄《しゆう》が交接してたくさんの虫卵を産出する［図65］。

シスタカンスは腸の漿膜《しょうまく》面（外側）にひっついていることが多いので、通常は生でヒトの口に入ることはない［図66］。ただ、何らかの理由で遊離したものが刺身に付着したりすると、ごく稀《まれ》にヒトの消化管に寄生し、症状を引き起こすことがある。アニサキスと異なり、これらの寄生部位は小腸あるいは大腸である。したがって内視鏡で摘出するのが難しく、また虫体が食い込んだ部分が結節《けっせつ》となって腸閉塞を引き起こすこともあり、その場合には大掛かりな手術になってしまう。

コリノソーマ症あるいはボルボソーマ症の患者は世界でも数例しか報告されていない。表2に示したとおり、そのほとんどが日本で発生しているというのは実に興味深い。よほど生魚が好きな国民なのだろう。症状が認められず、他の病気の検査や手術の際に発見されることもあるため、発見されていない患者さんは意外と多いのだろう。

コリノソーマ症は北海道で発生が見られるのに対し、ボルボソーマ症はほとんどが本州で報告されている。実際、私たちは四〇〇個体を超える北海道の海産魚の調査を行い、コ

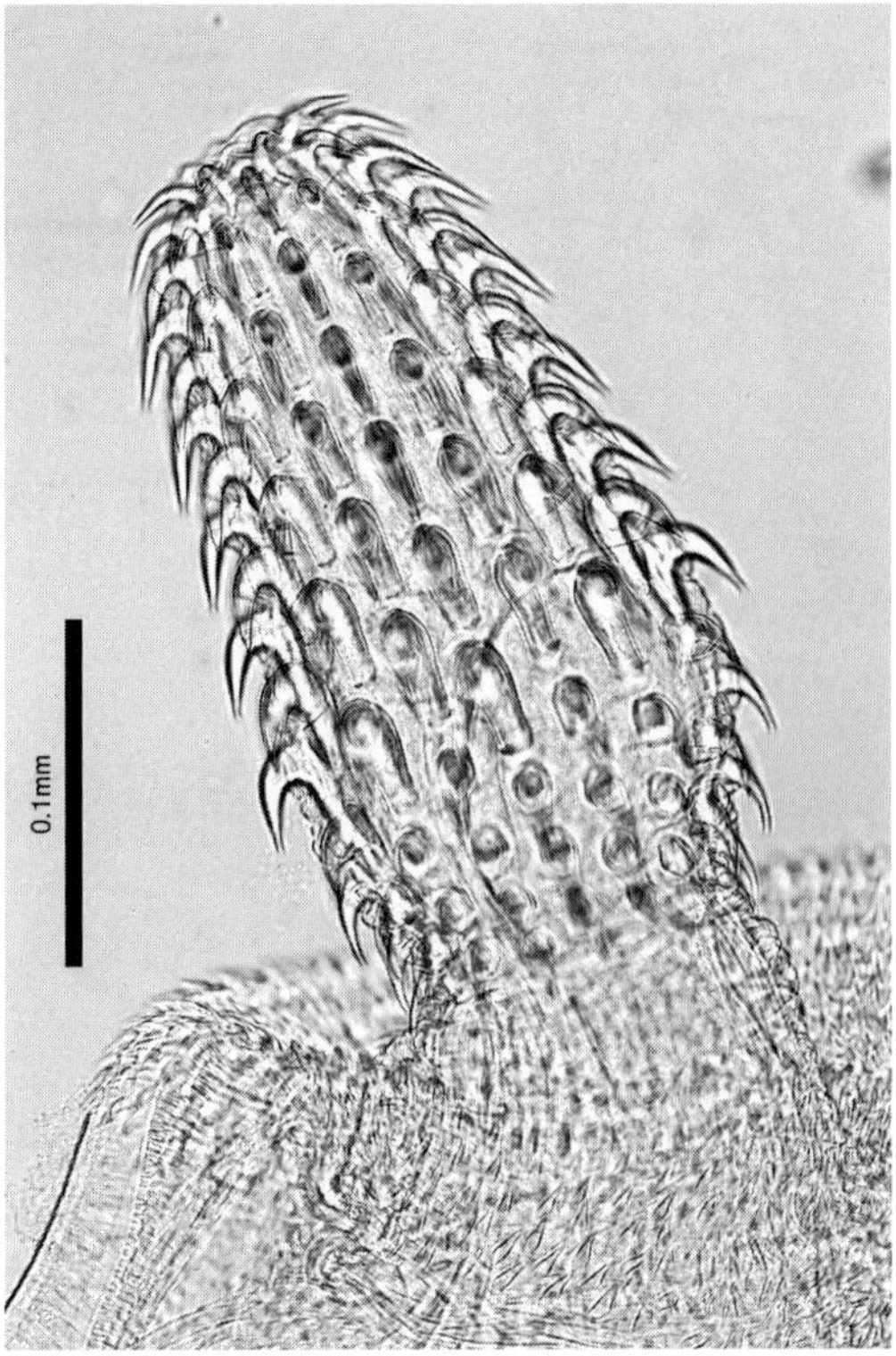

[図 64] 鉤頭虫の吻部（ホイヤー氏液にて透徹）。釣り針のような鉤が規則正しく並んでいる。

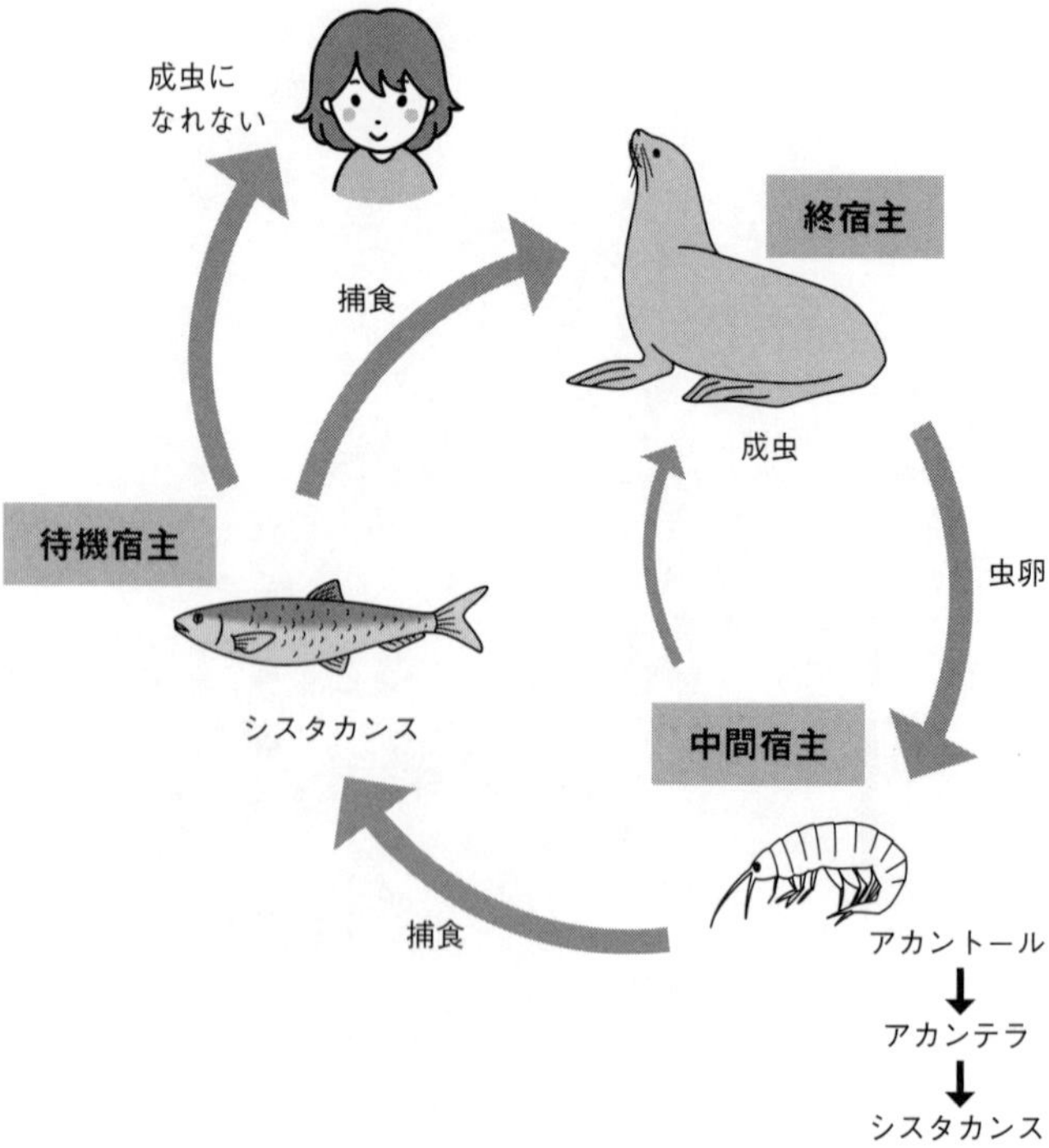

[図 65] コリノソーマ属鉤頭虫のライフサイクル。中間宿主であるヨコエビ類の体内でシスタカンス（終宿主へ感染可能なステージ）へと発育する。中間宿主と終宿主だけでもライフサイクルは完成するが、少しでも多くの個体が終宿主へ到達すべく、待機宿主を利用する。待機宿主の利用は鉤頭虫ではよく見られる手段である（[図 17] 参照）。また、アニサキス属線虫のライフサイクルによく似ている（[図 61] 参照）。

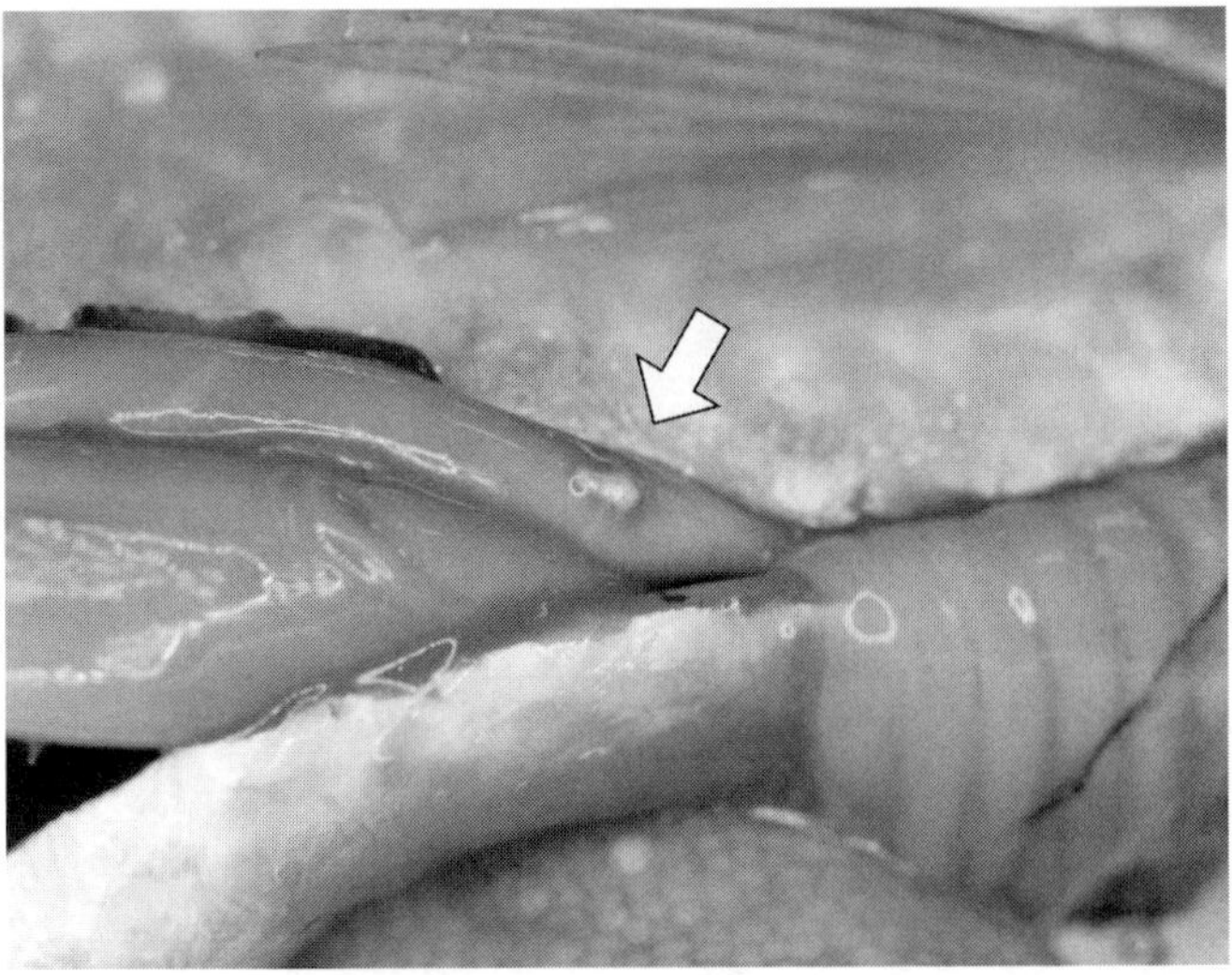

[図 66] ニシンの消化管漿膜面に寄生するコリノソーマ属鉤頭虫のシスタカンス（矢印のところ）。大きさは 1mm 程度と小さく、これがコリノソーマだと知っている人でなければ認識するのは難しい。

	場所	性別	年齢	症状など	寄生部位	文献
コリノソーマ症	札幌	男	不明	不明	大腸	八木ら、2001
	小樽	男	73	腹痛	回腸	Fujita et al., 2016（同一の患者）
				血便	空腸	
	旭川	女	70	腹痛	回腸	Takahashi et al., 2016
ボルボソーマ症	鹿児島	男	51	右下腹部痛	空腸	Tada et al., 1983
	鹿児島	男	16	腹痛	大網	Beaver et al., 1983
	北海道	女	59	右腹部痛	小腸	Ishikura et al., 1996
	高知	男	67	胃がん手術で発見	腸間膜	森ら、1998
	和歌山	男	70	内視鏡検査で発見	十二指腸	小林ら、2002
	京都	男	65	横行結腸がん手術で発見	小腸漿膜面	樋野ら、2002
	岐阜	男	61	心窩部痛	胃	磯田ら、2006
	京都	女	20代	腹痛	空腸漿膜面	Kaito et al., 2019

[表2] 日本においてこれまでに報告されたコリノソーマ症およびボルボソーマ症の症例。腹痛などの症状を示す場合もあるが、無症状で経過し、他の病気の検査や手術の際に発見される例もある。寄生部位が大きな結節となり、腸閉塞を引き起こすことも。

リノソーマ属鉤頭虫を検出したが、ボルボソーマ属は一度も見たことがない。北海道にも鯨類は分布するのに、不思議である。

シスタカンスの親御さん探し

海産魚のコリノソーマ調査にあたっては、毎週のように鮮魚店に行き、魚を購入した。そしてひたすら内臓を見てシスタカンスを探した。旭川《あさひかわ》市は北海道の真ん中あたりに位置し、東西南北様々な漁港から鮮魚が運ばれてくるため、内陸でありながら海産魚を調査するのに適している。鮮魚店のご主人が快く協力してくださり、毎回領収書に産地をメモしてくれた。また、どんどんおすすめの魚を紹介してくれたが、高価なヒラメなどは予算の都合上あまりたくさん購入できなかったので申し訳なかった。

コリノソーマ幼虫はニシンやカレイ、ソイなど一般的に食用に供される魚類で普通に観察できるが（高価なヒラメにも寄生していた）、アニサキスより小さく、被嚢《ひのう》していると小さな白い粒にしか見えないので、知らなければ寄生虫と認識することができないだろう。北海道で冬に大人気のトゲカジカというおいしい魚の内臓表面には無数のシスタカンスが見られるが、これはシスタカンスを持つ小型の魚類を日々摂食し、蓄積した結果と思われる［図67］。

これを見たくて毎年大きなトゲカジカを購入してしまうが、棘《とげ》のある巨大な頭部と硬い皮膚《ひふ》を持つこの魚は捌くのが本当に大変で、自宅キッチンが大惨事になってしまう。けれどシスタカンスはたくさん回収できるし（もちろんその他の寄生虫も採れる）、カジカ汁《じる》はとてもおいしい。カジカの肉は冷凍保存して後日食べても構わないが、シスタカンスはすぐに処理しなければならない。

回収したシスタカンスをトリプシン溶液に入れて温めると、哺乳類の小腸に到達したと思って壁を破り、中身が現れる［図68］。さかんに吻部を出し入れする様子は見ていて飽きない。顕微鏡で観察すれば、鉤が並んだ吻部と、細かい棘が生えた胴部を持つことが分かる。

これを詳しく調べたところ、鉤の数と列、そして棘が生えている範囲によって五種類に区別することが可能であった［図69］。そのうち三種類はコリノソーマ属、二種類はアンドラカンサ属と思われた。二つの属はよく似ているが、アンドラカンサ属は胴部の棘が二本の帯状になっているという特徴がある。また、コリノソーマ属は哺乳類、アンドラカンサ属は鳥類を終宿主とする。

形態の違いから五種の存在が明らかになったわけだが、成虫の形態を確認しないことには種を特定したくない。そこで、これら五種の子供たち（シスタカンス）の親御さん（成

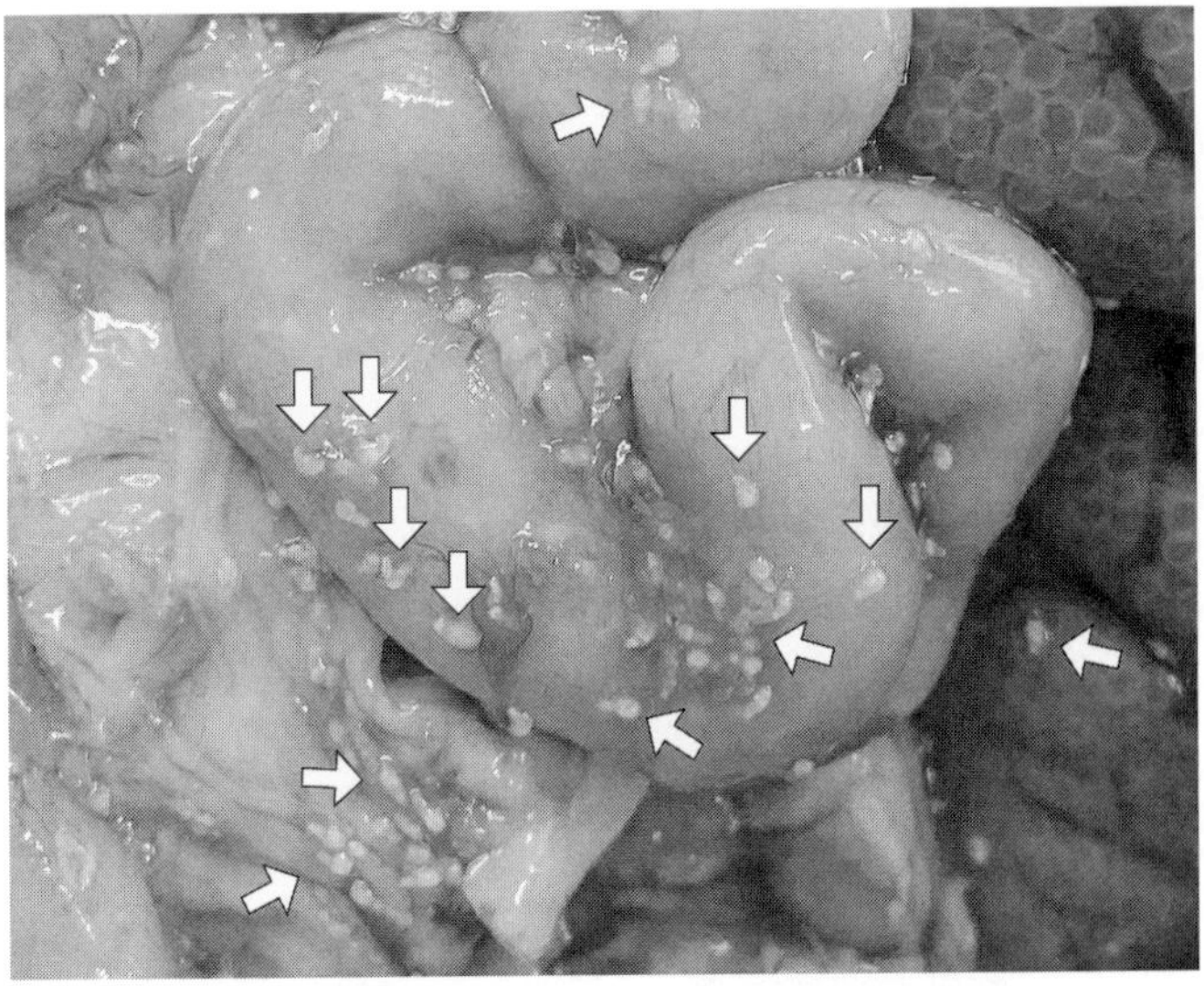

[図 67] トゲカジカの消化管漿膜面に寄生するコリノソーマ属鉤頭虫のシスタカンス。とにかく大量に寄生している。シスタカンスを保有する小さな魚を毎日食べた結果、これほどまでに蓄積されたのではないだろうか。

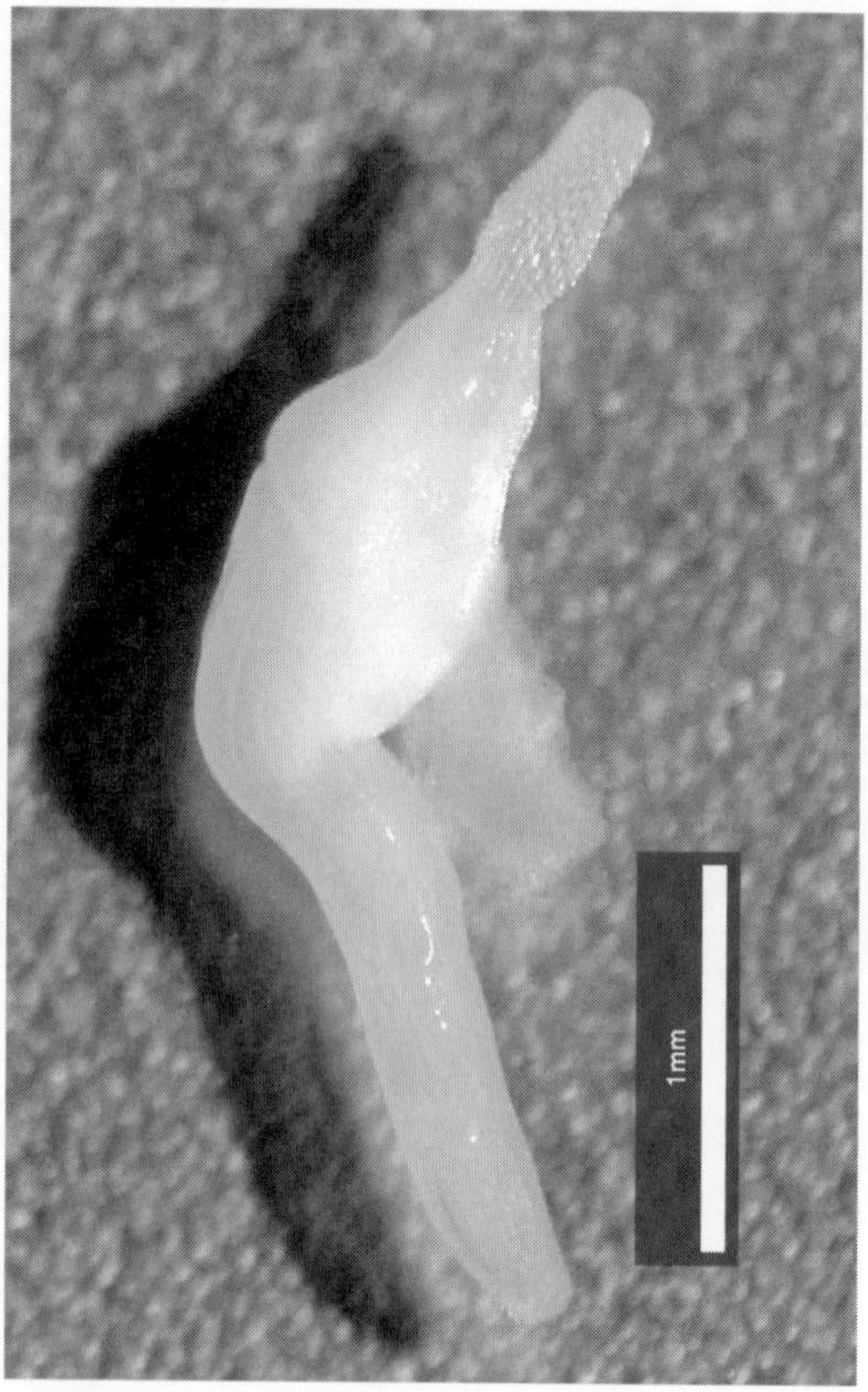

[図68] トリプシン処理により活性化したシスタカンス。吻部をさかんに出し入れする。吻部が内側に収納されるときは、雑に脱いだ靴下のように裏返しになる。動画でお見せできないのが残念である。

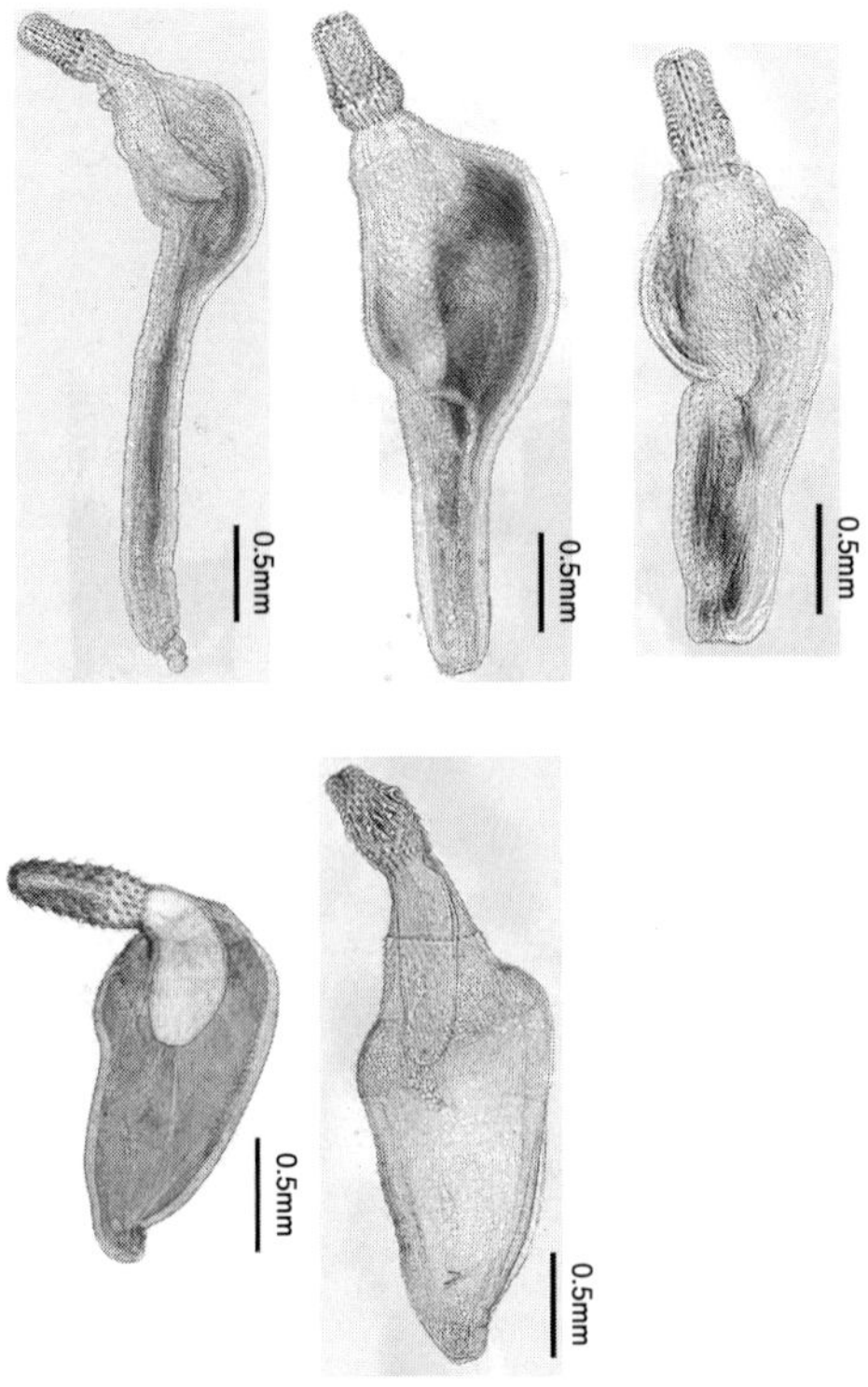

[図 69] 圧平してホイヤー氏液で透徹したシスタカンス。北海道の海産魚から得られるものは吻部の鉤の数や胴部の棘の分布などの特徴から 5 種類に分けられる。

虫）探しを行った。成虫は海棲哺乳類の消化管にいる。私たちがみずからアザラシやトドを捕まえることはできないが、幸運なことに、海棲哺乳類の寄生虫（特に鉤頭虫）について調査している研究者と共同研究することができた。

ちなみに、海棲哺乳類の消化管はものすごく長いため、その全長にわたって寄生虫を調べ、採集するのは大変な仕事である。トドの小腸は平均六〇メートルというにわかには信じがたい報告がある。これを担当してくださった共同研究者の方々には足を向けて寝られない。私もかつて一度だけトドの小腸の「一部」（たった数メートル）の提供を受けて寄生虫を調べたことがあるが、何時間やっても終わらないし肩はこるし、夕暮れまでかかって少し泣いた。

北海道近海のアザラシ類、トドおよびスナメリ、そして鳥類（ヒメウ、ウミウ）から得られた成虫について、形態学的に種同定を行い、DNAバーコードを決定した。形態観察の結果、哺乳類から三種（コリノソーマ・ストルモーサム、コリノソーマ・セメルメ、コリノソーマ・ビローサム）の鉤頭虫成虫が得られた。

コリノソーマ・ストルモーサムはアザラシ類とスナメリ、コリノソーマ・セメルメはアザラシ類、コリノソーマ・ビローサムはトドというように、ある程度宿主特異性がある。また、鳥類からアンドラカンサ・ファラクロコラシスが検出された。これらのDNAバーコードをもとに、シスタカンスの種同定を行った。バーコードが一致すれば、シスタカンスと成虫が同一のものであることが証明され、種名が与えられることとなる。

魚類から得られた五種のシスタカンスのうち四種は、終宿主である哺乳類や鳥類から得られたものと一致した。アンドラカンサ属の一種は形態学的にアンドラカンサ・メルギと近かったが、成虫が得られていないため同定は控えアンドラカンサ属の一種とした。シスタカンスの形態は成虫とよく似ていた。生殖器こそ未熟であるが、全体の形や吻部の鉤の数や胴部の棘の分布などの特徴は成虫と一致した。

寄生されてもいい寄生虫、されたくない寄生虫

コリノソーマ属三種とアンドラカンサ属のシスタカンスの見分け方を図70に示した。コリノソーマ・ストルモーサムは全体の形が細長く、円筒形の吻部に九～一一本の鉤が一八～二四列並ぶ。胴部の前半部（とわずかに後半部）に細かい棘が存在する。コリノソーマ・セメルメは花瓶型の吻部に一二～一三本の鉤が二二～二七列存在する。胴部は短く、腹側全体に棘が生えている。コリノソーマ・ビローサムも吻部は花瓶型で、一二～一三本の鉤が二二～二五列とコリノソーマ・セメルメに似ている。ただし、胴部の棘は前半分のみに存在する。アンドラカンサ・ファラクロコラシスとアンドラカンサ属の一種はどちら

も胴部の棘が二本の帯状になっており、前者は吻部に一一～一二本一八列、後者は九～一〇本一六列の鉤を持つ。

鉤の数を数えなくても、全体のフォルムと胴部の棘の分布のみで大まかに分類できるが、マイナーな寄生虫なのでこの検索表【図70】を活用したい方は少ないだろう。これを機会にぜひ使ってみてほしい。そして、この検索表のどれにも当てはまらないものを見つけたら、私に知らせてほしい。

日本で過去に報告されたヒトのコリノソーマ症の原因とされているのはコリノソーマ・ビローサムとコリノソーマ・バリダムとされていた。このうちおそらくコリノソーマ・バリダム（*Corynosoma* cf. *validum*、cf. とは「おそらく」という意味）であるとされた報告については、データベース上のDNA配列を用いて同定されたものである。

この配列は、私たちの解析からはコリノソーマ・ビローサムのものであることが明らかとなった。つまり、データベースに登録されていた配列に用いた種の形態学的同定が誤りだったのではないかというのが私たちの推測である。同定の誤りや検体の取り違えなどにより混乱が生じることがあるのがDNAバーコーディングの怖いところである。ちなみに、コリノソーマ・バリダムはセイウチなどの鰭脚類における寄生が確認されている。

私たちの調査では、北海道の海産魚および海棲哺乳類からコリノソーマ・バリダムを検

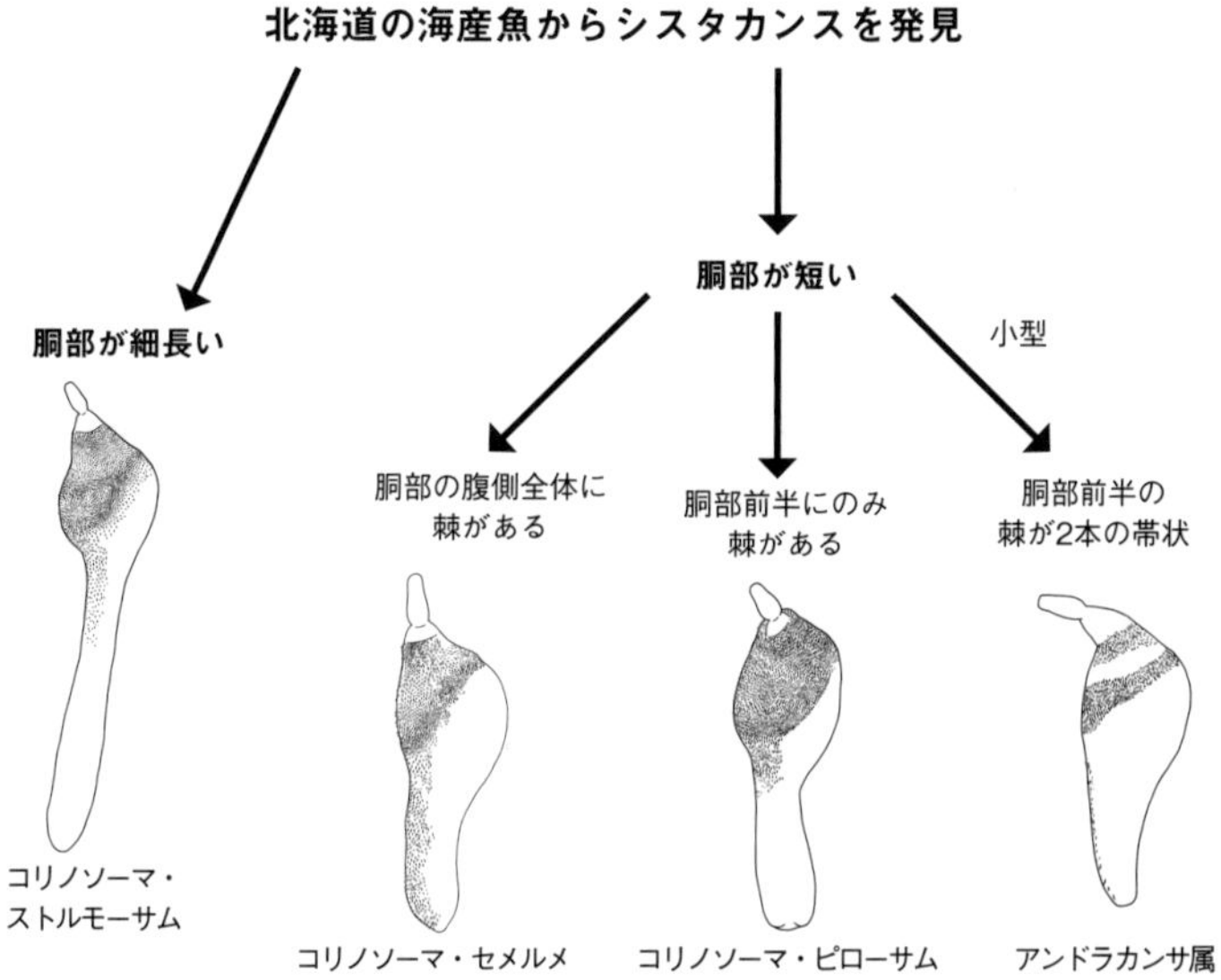

[図 70] 北海道の海産魚に見られるシスタカンスの簡単検索表。シスタカンスを脱嚢させてスライドグラスに載せ、カバーグラスをかけて軽く圧をかけて顕微鏡で観察する（割らないように注意）。固定後にホイヤー氏液で透徹するとさらによく見える。まず、体全体が細長ければコリノソーマ・ストルモーサムである。さらに、短いものについては胴部の棘の分布を見る。棘が腹面全体に生えていればコリノソーマ・セメルメ、前半分にしかなければコリノソーマ・ピローサムである。小型で胴部の棘が２本の帯状ならばアンドラカンサ属である。細長いとか短いとか小型とか、最初はよく分からないと思うが、多くの個体を観察すればだんだん自分の中で分類できるようになってくる。分類学の始まりはこんな感じだったのかなあと思う。

出したことはない。ややこしくなってしまったが、つまるところ、これまで日本で発生したコリノソーマ症の原因種はコリノソーマ・ビローサムであった。ただし、いかんせん症例数が少なすぎるので不明な点が多く、他の種がヒトに寄生しないとは限らない。無症状のまま放置される場合も多いだろう。

ヒト症例において、慢性炎症により結節となってしまった場合、摘出部位を病理組織《びょうりそしき》標本《ひょうほん》にされてしまうことが多い。病理組織標本とは、病変部位を小さなブロックにし、パラフィン（ロウのような物質）をしみこませて固め、数マイクロメートルの薄切りにして染色したものである。

腫瘍《しゅよう》細胞や炎症細胞を観察するためのものだが、そこに突如巨大な虫の断面が現れる。これが鉤頭虫であることは体腔《たいくう》がないこと、鉤があること、虫卵の形などからは分かるのだが、断面なので虫体全体を見ることができず、種同定までは至らない。しかし、ここでも有効なのがＤＮＡバーコーディングであり、薄切りにした組織切片からＤＮＡを抽出し、解析することが可能である。

これにより、患者さんを悩ませたコリノソーマの種が判明する。ボルボソーマの場合は、成虫のＤＮＡ配列が不明なものがあるので、種を明らかにするのは難しい。今後、鯨類に寄生する成虫を用いてデータを整備する必要がある。

私の感覚では、ヒトに寄生する寄生虫の中には「まあ、寄生されちゃってもいいかな、むしろ一度くらいは経験として寄生されたい」という寄生虫と、「絶対寄生されたくない」寄生虫がいる。例えば、前者は日本海裂頭条虫《にほんかいれっとうじょうちゅう》や横川吸虫《よこがわきゅうちゅう》、後者はアニサキスや多包《たほう》条虫（エキノコックス）などである。

コリノソーマやボルボソーマは後者にあたる。前者はヒトによく適合した成虫が寄生し大きな症状はないが、後者は偶発的な寄生や幼虫寄生のため病害が大きいと考えられる。

第六章

絶滅から救いたい

自然環境と寄生虫の関係

宿主との相性が悪いと寄生虫も苦しい

寄生虫学はおもに医学および獣医学の分野で発展してきた学問である。すなわち、「病原体」として扱われてきた過去があるので、現在でも「病気」「恐ろしい」というイメージが大きい。また、「寄生虫学」の教科書には病害を引き起こす代表的な種《しゅ》について解説されている。

私はこのイメージを払拭《ふっしょく》し、寄生虫を動物として扱ってもらえるために活動したいと考えているのだが、それにはやはり重篤《じゅうとく》な症状を引き起こす寄生虫について把握しておく必要があるし、もちろん生物学的に非常に興味深い。

ヒトに病害を引き起こす寄生虫は、自然界にはびこる多種多様な寄生虫と比較すればごくわずかである。また、現代の日本では寄生虫感染症はきわめて少ない。ただしゼロではないし、診断を間違えれば命を落としかねない寄生虫感染症も存在するため、医学部では必ず寄生虫学を学ぶ。その際、日本で見られるものばかりではなく、海外に存在する寄生虫感染症についても学ぶ必要がある。

流行地から帰国した方が発症することも多いためである。代表的なものはマラリア症である。マラリア原虫《げんちゅう》と呼ばれる単細胞の原生生物が赤血球などの細胞に寄生し、発熱や頭痛、貧血などを引き起こす。医師が患者の渡航歴を知らずにカゼでしょうと診断してしまっては大変である。

その他、回虫《かいちゅう》症や肺吸虫《はいきゅうちゅう》症など、少ないとはいえ医師が知っておかなくてはならない寄生虫感染症は原虫、線虫《せんちゅう》、吸虫や条虫《じょうちゅう》など多岐にわたる。獣医師においてはさらに対象とする宿主《しゅくしゅ》動物が多くなるので、学ぶべき寄生虫種も増える。

ヒトに病気をもたらす寄生虫のうち、アニサキスやコリノソーマなどはすでに説明した。本章ではその他にもぜひ知っておいてほしい寄生虫症を紹介する。ヒトに病害を示す蠕虫《ぜんちゅう》類の中には有鉤《ゆうこう》条虫やエキノコックスなどのように幼虫が寄生するものと、横川《よこがわ》吸虫や日本海裂頭《にほんかいれっとう》条虫など成虫が寄生するものがいる。

幼虫が寄生する場合、ヒトは中間宿主の立場となるため、筋肉や脳、その他の臓器で長い間存在することが多く、治療が困難である。有鉤条虫は中間宿主である豚の生食あるいは加熱不十分なものを食べることでヒトに感染する。ヒトは終宿主となって腸管に成虫を宿すのみならず、虫卵《ちゅうらん》を経口摂取することで中間宿主にもなり得る。

有鉤条虫の中間宿主になってしまった場合、全身の筋肉や脳で嚢虫《のうちゅう》（シスチセルクス）と呼ばれる幼虫が発育する。多数の虫卵を取り込んだ場合、数ミリの袋に入った幼虫が体中に寄生することになる。脳に寄生すれば重篤な神経症状を引き起こす。エキノコックスについては後に詳しく述べるが、無性生殖をする幼虫（包虫《ほうちゅう》）が肝臓《かんぞう》などの臓器を悪性腫瘍《しゅよう》のようにゆっくりと侵すため、こちらも重篤な症状を示すことは想像できる。

一方、成虫が消化管に寄生した場合、よほど多数寄生でない限り症状は軽度であることが多い。日本海裂頭条虫のように巨大な寄生虫であってもほとんど症状を示さず、トイレで排泄《はいせつ》したときに初めて、お尻から垂れ下がる長い条虫に気づくほどだ。

「ヒト以外の動物を好適宿主とする寄生虫」がヒトに偶発的に寄生した場合は病害を示すことが多い。例えばアニサキスや顎口虫《がっこうちゅう》の仲間、犬回虫などはヒト以外の動物を終宿主とするが、これがたまたまヒトに感染してしまった場合、成虫にまで発育することはできない。アニサキスであれば胃に到達して頭部を差しこむものの、宿主側の免疫応答《めんえきおうとう》により長く生きることができない。患者は強い痛みを感じる。

日本顎口虫や犬回虫の場合は、快適な場所を探し求めてヒトの体中をさまよい神経などを傷害するが、宿主自体が間違っているため、結局安寧《あんねい》の場所は見つけられない。寄生虫と宿主の相性が悪い場合、宿主が辛《つら》い症状に悩まされると同時に寄生虫も苦しみ抜いて死ぬ運命にあり、どちらも幸せにはなれない。

長さではなく数で勝負するエキノコックス

エキノコックス、という言葉を聞いたことがある方は多いと思うが、その実体を知る方は少ないように思う。エキノコックスとはエキノコックス属の条虫の仲間である。そう、実はエキノコックスとはサナダムシの仲間である。ただし、「サナダムシ」という言葉の定義が真田紐《さなだひも》との形態的類似性に関連するのならば、裂頭《れっとう》条虫科の条虫のことを指すだろうから、厳密にいえばエキノコックスはこれとは少し異なる。

エキノコックスはテニア科と呼ばれ、裂頭条虫科とは別の科に属する条虫である。裂頭条虫科の条虫はその名のとおり頭節《とうせつ》の固着《こちゃく》器官が裂け目になっているのに対し、テニア科条虫は四つの吸盤で吸着する。テニアとは引っ張る、伸ばすという意味で、古代ギリシアのリボンもテニアと呼ばれていたそうである。つまり、長いということである。

テニア科に属するくせに、エキノコックスは長くない。条虫とひとくちに言っても、数ミリの小さなものから数メートルに達するものまで様々である。条虫の成虫は基本的にたくさんの節《ふし》（片節《へんせつ》と呼ぶ）からなるが、一つの頭節に多いものでは数百を超える片節が連なる。片節の一つ一つに雌雄《しゆう》生殖器が備わっていて、片節ごとに独立して卵を作る。

エキノコックスの成虫は、片節が三つか四つしかなく、全長三ミリ程度しかない［図71］。紐のような見た目とはほど遠く、肉眼ではホコリのように小さい。しかし、多いときは一頭の終宿主《しゅうしゅくしゅ》の消化管に一万を超える成虫が寄生していることもある。長さではなく数で勝負するタイプであり、結果的にたくさんの虫卵が産生されればよいのである。

エキノコックス属の条虫は世界中に分布するが、日本に存在するのは多包《たほう》条虫という種である。これは北半球に広く分布する種であり、日本では北海道のアカギツネと野ネズミ（おもにエゾヤチネズミ）の間で感染が維持されている。意外なことに、多包条虫はそもそも日本には存在しなかった。大正時代に毛皮の生産と野ネズミ駆除のために千島《ちしま》列島の新知島《しるとう》から礼文島《れぶんとう》（北海道の北端、稚内《わっかない》の西約六〇キロの場所に浮かぶ島である）にアカギツネを移入した際に、一緒に多包条虫も移入されたのである。

これが礼文島に蔓延《まんえん》し、ヒトに感染して数年の潜伏期間ののちに肝臓の腫脹《しゅちょう》、黄疸《おうだん》などの症状を示す患者が発生した。医師や研究者の努力により原因が多包条虫という寄生虫であることが突き止められた。その後、礼文島のキツネやイヌは駆除され、清浄化が果たされた。

一方、一九六〇年代に根室《ねむろ》地方で多包条虫の存在が確認された。これがどのようにして侵入したのかは不明だが、キツネが流氷を利用して北海道に入ったのではないかという説もある。現在ではほぼ北海道全域に多包条虫が拡大している。

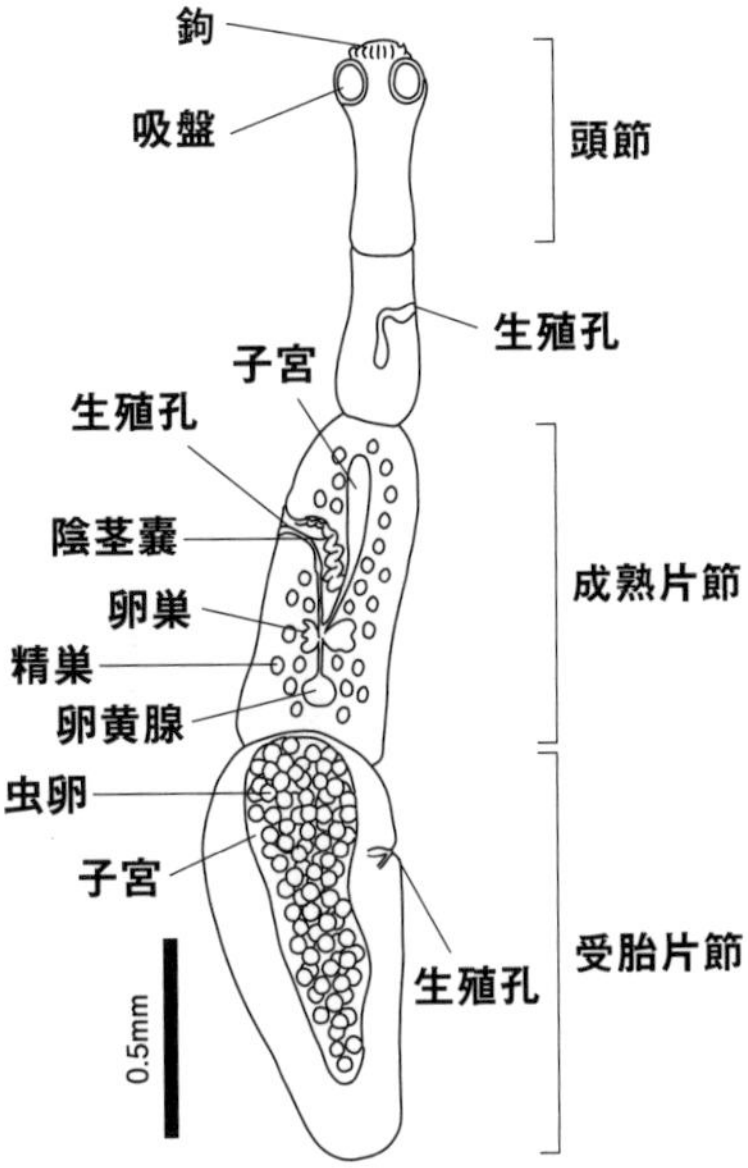

[図 71]　多包条虫成虫。片節数が少ない。頭節に鉤と吸盤を備える。成熟片節は生殖器が成熟しており、受精が可能な片節である。受胎片節は虫卵で充満し、卵巣や精巣は退化する。受胎片節がちぎれ、宿主の糞便とともに外界に排出される。すると成熟片節が受胎片節になり、その上の片節が成熟片節になる。新しい片節は頭節の下に次々とできる。

包虫はクローン大量製造マシン

エキノコックス属条虫の中には、多包条虫のようにヒトに感染しエキノコックス症を引き起こすものがいる。ここでは北海道で問題となる多包条虫のライフサイクルについて説明する。一度蔓延してしまったものを清浄化するのは難しいが、個人で感染予防のためにできることがある。そのためには、敵のことをよく知らなければならず、特にライフサイクルを理解することは予防策を講じる上で重要である。

前述のように、北海道において多包条虫はキツネと野ネズミの間で維持されている。キツネが終宿主（成虫が消化管に寄生）、野ネズミが中間宿主（幼虫が肝臓などに寄生）である。これまで述べてきたとおり、寄生虫は動物の食物連鎖を利用して維持されていることが多い。多包条虫の場合も、キツネが排泄した虫卵を野ネズミが経口的に取り込み、体内で幼虫が発育する［図72］。

多包条虫の幼虫は多包虫と呼ばれ、無限に増殖する幹細胞を持っているため、まるで悪性腫瘍のように肝臓やその他の臓器を蝕《むしば》む。中間宿主の体内で大きく発育した多包虫や単包虫は表面が固い層（ラミネート・レイヤー）に覆われており、幹細胞のシートで内張りされている。その内部に、液体とともに数千、数万の原頭節《げんとうせつ》と呼ばれる将来成虫の頭節になる部分が大量生産される［図73］。将来頭節になるので、すでに吸盤と鉤《かぎ》が備わっている

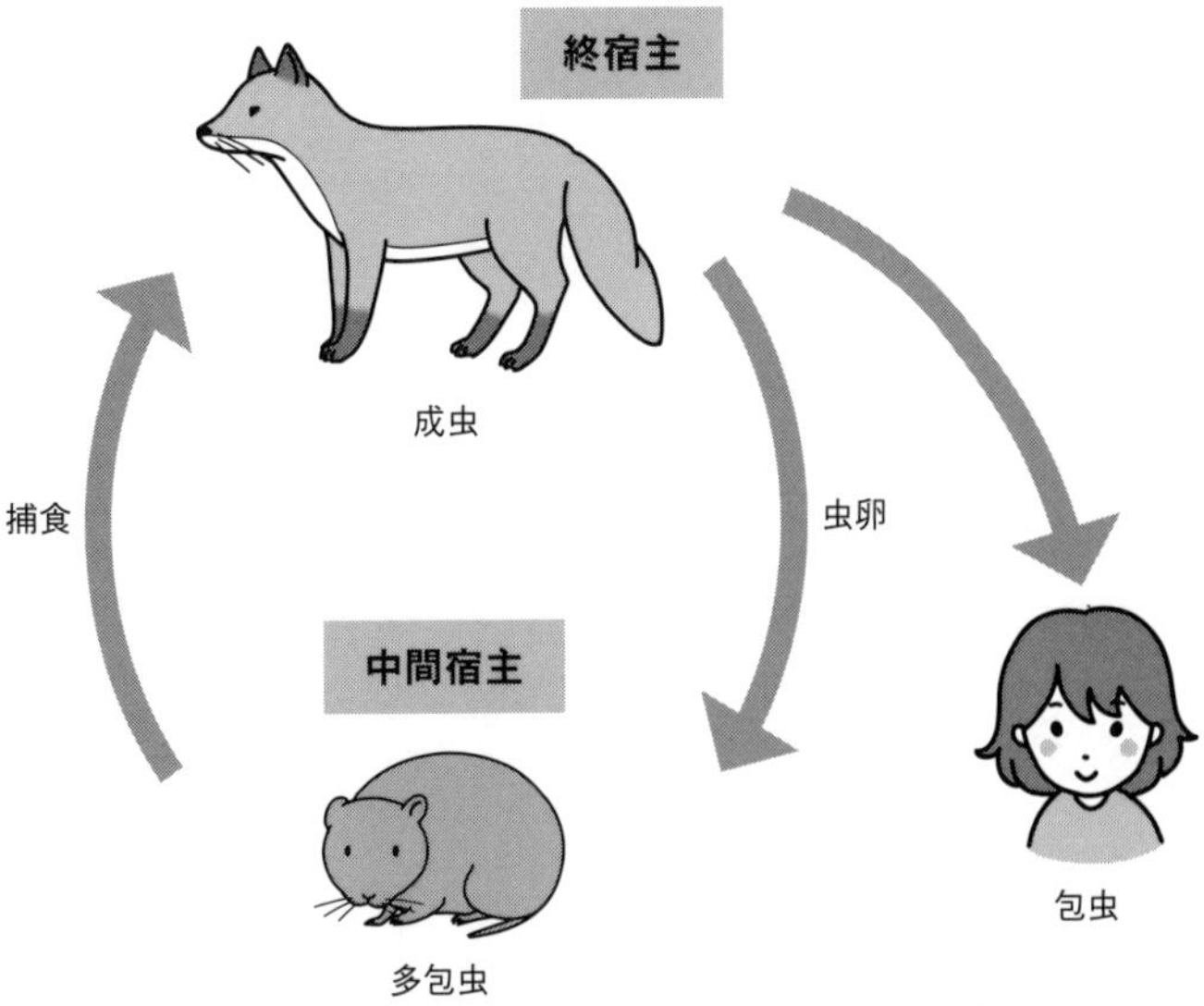

[図 72]　多包条虫のライフサイクル。北海道ではおもにアカギツネ（終宿主）とエゾヤチネズミ（中間宿主）の間で維持されている。同じ場所に生息する動物の捕食・被食の関係を利用している。ヒトへの感染は稀だが、虫卵を摂取することによりエゾヤチネズミと同じ、すなわち中間宿主としての立場で感染する。ただし、ヒトは好適な中間宿主ではないので原頭節が形成されにくい。たとえ原頭節ができたとしても北海道でヒトがキツネに食べられることはまずないので、成虫になることは叶わない。

が、これらは裏返しの状態で内側にしまわれている。

包虫の実体は、拡張し続けるクローン大量製造マシンのようなものであり、SFっぽさがあって心惹《こころひ》かれるのだが、それが自分の体内に建設されるのは誰でも絶対にイヤなはずだ。感染から数か月経過したネズミは肝臓も肺もリンパ節も包虫に侵され悲惨な状態となる【図74】。包虫を保有する野ネズミをキツネが捕食すると、裏返しだった原頭節がにゅるっと反転して吸盤と鉤を出し、小腸壁《へき》に固着して成虫となる。

野生動物ではおもにキツネが終宿主の役割を果たしているが、イヌも終宿主になり得る。飼い犬が散歩中にネズミを食べてしまったら、虫卵をばらまく感染源となってしまう。公園などでリードを外して遊ばせるのは危険である。ネコは終宿主として適していないと考えられるが、感染すれば少数の虫卵を排泄することがある。ネコ自身が虫卵を排泄しなくても、汚染地域で体に虫卵を付着させて帰ってくることもあるため、飼い猫を外出させることはヒトへの感染のリスクを高める行為だ。

中間宿主としては、キヌゲネズミ科のネズミが適しており、ドブネズミなど他のネズミについては、感染例は報告されているものの、ほぼ感染しない。私たちが毎年エキノコックス調査を行っている旭川《あさひかわ》市内の公園ではネズミ科のエゾアカネズミとキヌゲネズミ科のエゾヤチネズミが見られる。場所にもよるが、両者は大体同数か、エゾアカネズミが少し

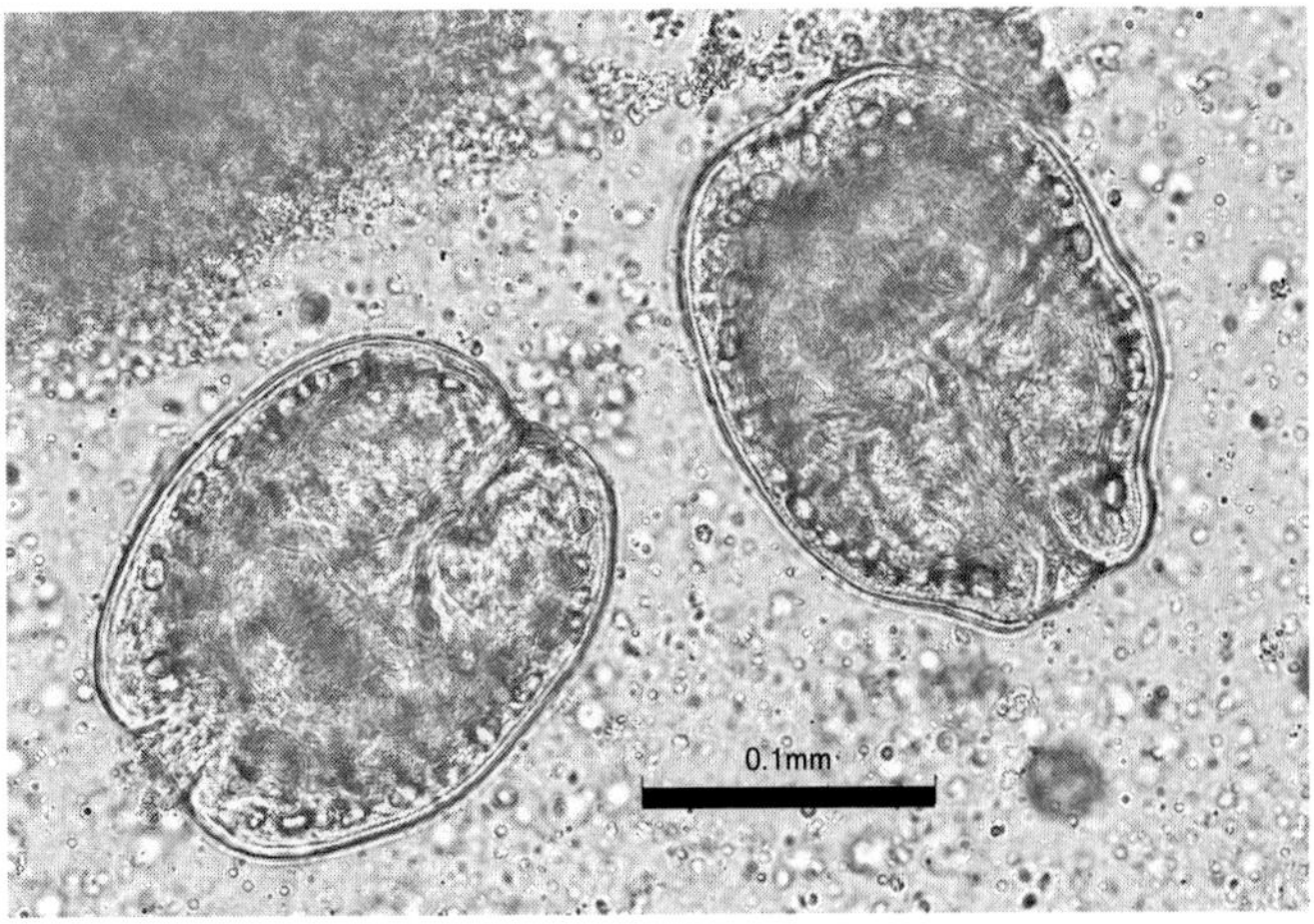

[図73]　多包虫の内部に形成された原頭節。原頭節は将来成虫の頭節になる部分で鉤と吸盤を備えているのだが、なぜか内側に反転して裏返しになっている。頭の部分が反転して裏返し、というのは私たちにとっては理解不能だ。かぶせたカバーグラスをそっと押すと、ポン、と頭部分が出て人形のような形になる（ポンと音はしないが、私の心の中の効果音である）。

多いくらい採集できる。

これまでに数百個体の野ネズミを調べたが、私自身はエゾアカネズミからは一度もエキノコックスを検出したことはない。これに対して、エゾヤチネズミでは感染率が三割を超える(三匹に一匹は多包虫を保有している)場所がある。つまり、多包条虫の中間宿主はネズミなら何でもよいというわけではなく、エゾヤチネズミを含むキヌゲネズミ科にこだわりを持っているらしい。こだわりは持っているがごく稀《まれ》にアカネズミやドブネズミ、その他の動物に感染することがある。

厄介なことに「その他の動物」にはヒトも含まれる。ヒトは中間宿主の立場で感染する(幼虫が寄生する)ということがこの感染症の重要なポイントである。すでに述べたとおり、多包条虫の幼虫、多包虫は悪性腫瘍のごとくゆっくりじわじわと臓器を侵す。

多包虫の主な寄生部位は肝臓なので、初期には明確な症状は現れない。感染から何年も経過して自覚症状が現れるころには、寄生虫が巨大な腫瘤《しゅりゅう》を作って居座り、外科手術で取り除く以外に治療法はない。駆虫薬は成虫には効果的で、イヌやキツネは治療が可能だが、幼虫を殺滅することはできない。

特にこの多包条虫という種の幼虫は細かい枝を伸ばすように組織に浸潤するので、手術の際には周辺を大きく切り取る必要があり、取り残した虫体から再発もしやすい。これに

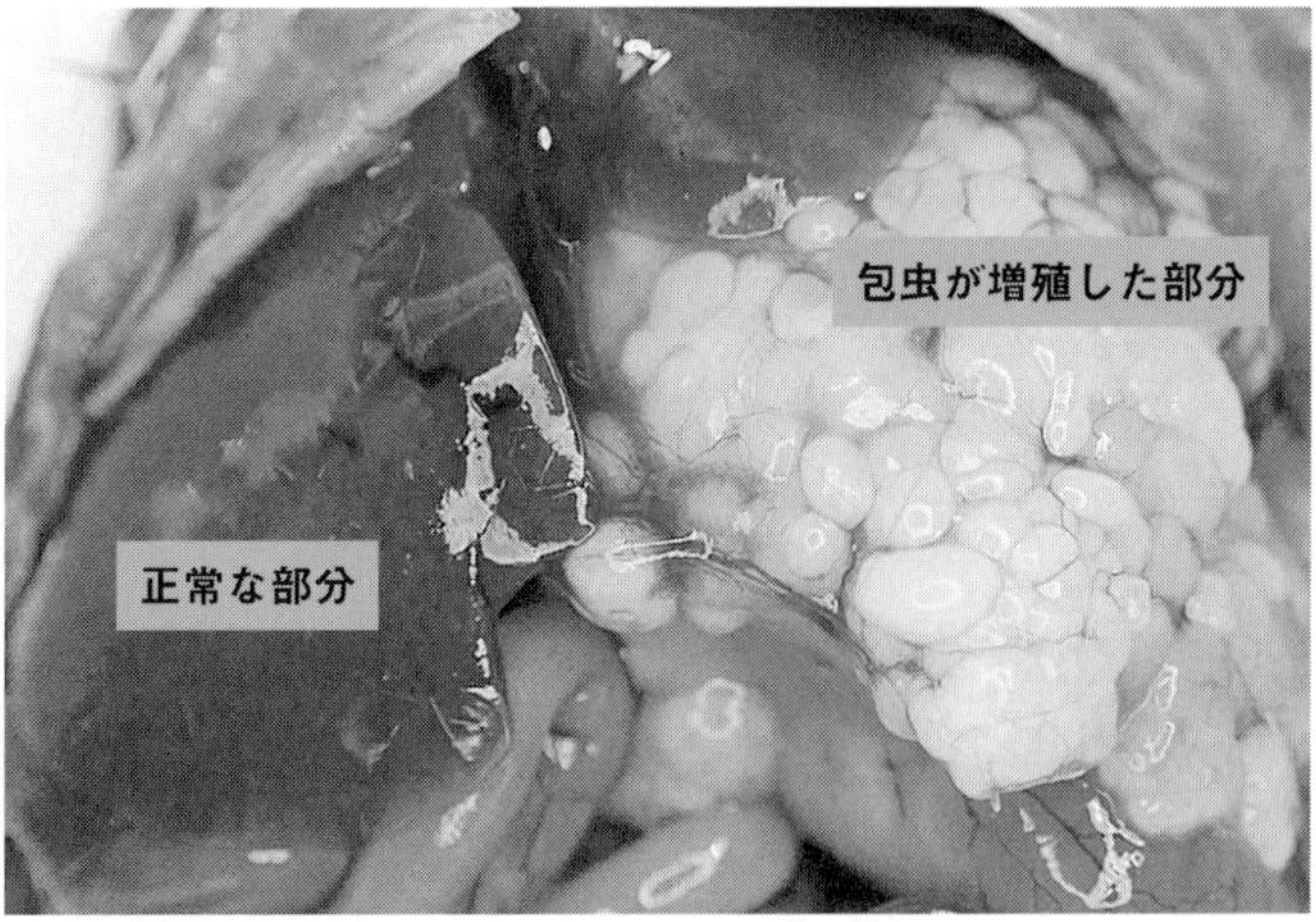

[図 74] 多包虫感染エゾヤチネズミの肝臓。白いところは包虫が肝臓の組織と置き換わってしまった部分である。この中に何万もの原頭節が作られる。正常な肝組織が残っている部分もあるが、いずれは包虫に侵されてしまうだろう。

対して単包条虫《たんぼう》という種の幼虫（単包虫）はツルッとした球形で、悪性度が低いと言われている。

ヒトは中間宿主として適していないので、感染する可能性はきわめて低い。その可能性をさらに低くするため、個人でできる予防法を考えてみたい。最も重要なのは、「キツネが排出する虫卵を取り込まないこと」である。虫卵はキツネの糞《ふん》だけではなく土や水、植物などに付着しているはずである。このため、外で遊んだり畑仕事をした後はよく手を洗うことが大事である。つまり、他の感染症を予防するのと同様に気を付けていればそんなに心配することはない。

生水を飲むな、とよく言われるが、これを口にする機会は少ないのではなかろうか。野外で生水を飲んでいる方がどれほどいるのか私は知らないのだが、野生動物が訪れる場所には多包条虫以外に病原体は山ほど存在するので、水筒やペットボトルを持って行くのがよいと思う。

生態系に影響するキツネ問題

本当に重要なのは「キツネとの生活圏《けん》を分ける」ことなのだが、これは非常に難しい。キツネはヒトが住む環境に柔軟に適応することが可能で、ヨーロッパでは一九八〇年代から市街地に出没するいわゆる都市ギツネが問題となっている。札幌《さっぽろ》市でも一九九〇年代から市街地へのキツネの出没が顕著になり、交通事故による死亡個体も増加しているとの報告がある。

たとえ都市ギツネを駆除しても、市街地周辺からまた新たなキツネが住みよい都会へ入ってくる。これらのキツネは生ゴミも食べるが、エゾヤチネズミも好んで食べる。エゾヤチネズミは市街地の公園の草むらや笹藪《ささやぶ》で繁殖する。結果、公園など人が多く集まる場所で多包条虫のライフサイクルが完成してしまうのである［図75］。

駆虫薬《くちゅうやく》（プラジクアンテルと呼ばれる条虫や吸虫の成虫に効果を示す薬剤）入りのベイト（エサ）を散布し、キツネに寄生する成虫を駆虫する方法が考案され、その有効性が報告されているが、一度駆虫しても再び感染ネズミを捕食すれば虫卵を排出するため、定期的で半永久的な散布が必要である。薬剤散布の効果があるか定期的なモニタリングも行わなければならない。また、場所によってはキツネ以外の動物の個体数が多く、それらがベイトを食べてしまうことで肝心のキツネに行き渡らないという可能性もある。

この方法には散布の長期継続に伴う薬剤の供給、散布やモニタリングを行う人員確保など多くの問題があり、実際に公共施設等で散布が実施されている自治体は少ない。また、私は他の扁形《へんけい》動物に与える影響について心配している。

実は、第三章で紹介した野ネズミ類やトガリネズミの条虫が分布する公園には同時に多包条虫も存在する。同じ場所にマイマイサンゴムシやロイコクロリディウムなどの吸虫類も見られる。プラジクアンテルはエキノコックス成虫だけでなく、様々な条虫類および吸虫類に効果を示すため、散布量や回数によってはこれらの寄生虫たちに影響があるかもしれない。

実際に、駆虫薬入りベイトを置いた場所にビデオカメラを設置すると、キツネ以外にカラスや野ネズミがベイトを食べる様子が観察された。もちろん人の命を守ることは大事だが、犠牲となる寄生虫が少しでも減るように、エキノコックス以外の扁形動物（寄生生活性、自由生活性の両方）に対する薬剤の影響を評価し、環境への影響を最小限にとどめながら予防効果を上げる方法を検討しなければならない。

都市部のキツネが増加することは、エキノコックス症以外の野生動物由来感染症のリスクを上げるため好ましくない。したがって、個体数が著しく増加した場合にはキツネの駆除や巣の撤去も視野に入れる必要がある。キツネの駆除を検討する場合、「かわいそう」「殺さないで」という声が多く聞かれる。また、「駆虫薬を散布する方法があるのになぜキツネを追い出すのか」と言う方もいる。それは生き物を愛するやさしい気持ちから発せられる言葉だし、我々人間が野生動物の生息場所を奪っているのは事実なので、もっともな

[図 75] 住宅に囲まれたグラウンドにいたアカギツネ（上）と民家の壁ぎわにいたエゾヤチネズミ（下）。多包条虫の終宿主と中間宿主はどちらも北海道の都市部に生息しており、公園や学校も虫卵で汚染されている可能性が高い。

考えである。

しかし、前述のように、駆虫薬の利用には多くの問題がある。また、野生動物がヒトの暮らしを脅かさないよう、ヒトの生活環境への立ち入りを防ぐことや、個体数を調整することは必要なことだ。ヒトや家畜に病原体を運んでしまうだけでなく、増えすぎれば縄張りやエサをめぐって争いも増え、他の生物、ひいては生態系全体にも影響を与える。キツネはかわいい。だが、キツネだけでなく様々な生物が生息しているということを意識した上で、研究者、獣医師、行政そして一般の方々が議論しなくてはならない問題である。

外来種とともに移入された寄生虫

多包条虫がアカギツネの移入とともに礼文島に侵入したことは前述のとおりだ。礼文島の隣には利尻島《りしりとう》という島がある。利尻島にはキツネは移入されず、したがってヒト多包虫症も発生しなかった。私は利尻島における野ネズミの寄生虫調査に参加したことがあるのだが、このとき、ムクゲネズミの肝臓に多包虫とは異なる条虫の幼虫を見つけた。

DNA《ディーエヌエー》解析の結果、これはイタチ類を終宿主とするベルステリア・ムステラエであることが分かった。本種はヨーロッパやチベットにも分布するが、ユーラシア大陸のベルステリア・ムステラエよりも、本州のものと遺伝的に非常に近いことが分かった。

実は、礼文島にアカギツネが移入されたのと同じように、利尻島には本州由来のニホンイタチが移入されていた。本州から函館《はこだて》を経由して北海道に移入されたニホンイタチが道内で繁殖し、その一部が利尻島に送られたそうである。北海道にもともとニホンイタチは分布していない。つまり、ニホンイタチは国内外来種であり、ベルステリア・ムステラエはこれと一緒に移入された寄生虫なのだ。

多包条虫がヒト多包虫症の原因となる一方、ベルステリア・ムステラエのヒトへの感染例はきわめて稀である。たとえ感染しても、多包虫のように無性《むせい》的に増殖しないので、症状は軽度であると考えられる。

二〇二一年の発見まで、利尻島におけるベルステリア・ムステラエの存在は知られていなかった。一九三〇年代にニホンイタチが移入されてから九〇年も、小さな島で生き続けてきたのだ。生物を、それが生息していない場所に人為的に移動するということは、他の生物にも影響を与える場合があることを知っておく必要がある。

吸虫の多くは研究者に献名

横川吸虫症は淡水魚の生食に起因する寄生虫感染症の一つである。横川吸虫とはメタゴニムス属吸虫の一種で、学名は *Metagonimus yokogawai*《メタゴニムス・ヨコガワイ》（Katsurada, 1912）という。このように学名とともに命名者と記載された年を表記することがある。最初に記載されたときから属名あるいは種小名の変更があったときには丸括弧《まるがっこ》がつく。

メタゴニムス属は初めヘテロフィエス属とされており、その後形態の違いから属が変更されたため（桂田富士郎《かつらだふじろう》先生ご自身が速やかに新たな属を新設された）、丸括弧がついている。

横川吸虫の名は寄生虫学者横川定《よこがわさだむ》博士に由来する。一九一一年に台湾で横川先生がアユ由来の幼虫（メタセルカリア）をイヌに与えて成虫を得て、これを桂田先生に送った。桂田先生はこれを新種とし、横川先生をたたえて横川吸虫の名を付けた。

その後、高橋昌造《たかはししょうぞう》先生が横川吸虫と形態学的に異なる種を発見し、これは高橋吸虫 *M. takahashii* Suzuki, 1930 と呼ばれた。さらに、形態学的特徴や宿主特異性から、日本では他に桂田吸虫 *M.katsuradai* Izumi, 1935、大鶴《おおつる》吸虫 *M. otsurui* Saito et Shimizu, 1968、宮田《みやた》吸虫 *M. miyatai* Saito, Chai, Kim, Lee et Rim, 1997、白馬《はくば》吸虫 *M. hakubaensis* Shimazu, 1999 が存在するとされてきた。

メタゴニムス属に属する吸虫の学名は研究者に献名されたものが多く、順に桂田、大鶴、宮田、白馬（白馬だけ人名ではなく地名）の名に由来する。さらに二〇二二年、私たちの研究チームが斎藤《さいとう》、古賀《こが》、嶋津《しまづ》、記野《きの》の名を冠した四種を新たに記載し、日本におけるメタゴニムス属吸虫は合計一〇種となった。

白馬を除く九名はいずれも本属吸虫の研究に貢献した偉大な研究者たちである。学名と命名者を見比べると、横川吸虫を記載した桂田先生が桂田吸虫に、大鶴吸虫、宮田吸虫を記載した斎藤先生が斎藤吸虫に献名されていたりと、登場人物の交錯が興味深い。ちなみにこの九名の中で私が実際にお会いしたことがあるのは記野先生お一人だけであるが、お酒を飲みながら楽しそうにメタゴニムスについて語る気さくでチャーミングな方である。

遺伝子解析と感染実験で違いを識別

横川吸虫は淡水の巻貝《まきがい》であるカワニナを第一中間宿主、淡水魚を第二中間宿主とする［図76］。第四章で述べた、河川や湖にみられる多様な吸虫の一つである。終宿主は哺乳類《ほにゅうるい》や鳥類で、宿主域が比較的広く、ヒトもその一つである。

カワニナから放出されたセルカリア幼生《ようせい》は淡水魚のウロコや皮膚《ひふ》、筋肉で被嚢《ひのう》してメタセルカリアとなる［図77］。メタセルカリアは三七度でペプシン処理を行い組織から分離した後、同じく三七度でトリプシン処理すると、宿主に飲み込まれ小腸に到達したと勘違いして脱嚢《だつのう》し、活性化する。ここが本当の小腸であれば成虫へ発育して産卵する。よほど多数寄生でない限り、重篤な症状を示すことは少ない。

横川吸虫の成虫はとても小さく、体長は約二ミリほどである［図78］。一つの卵巣と二つ

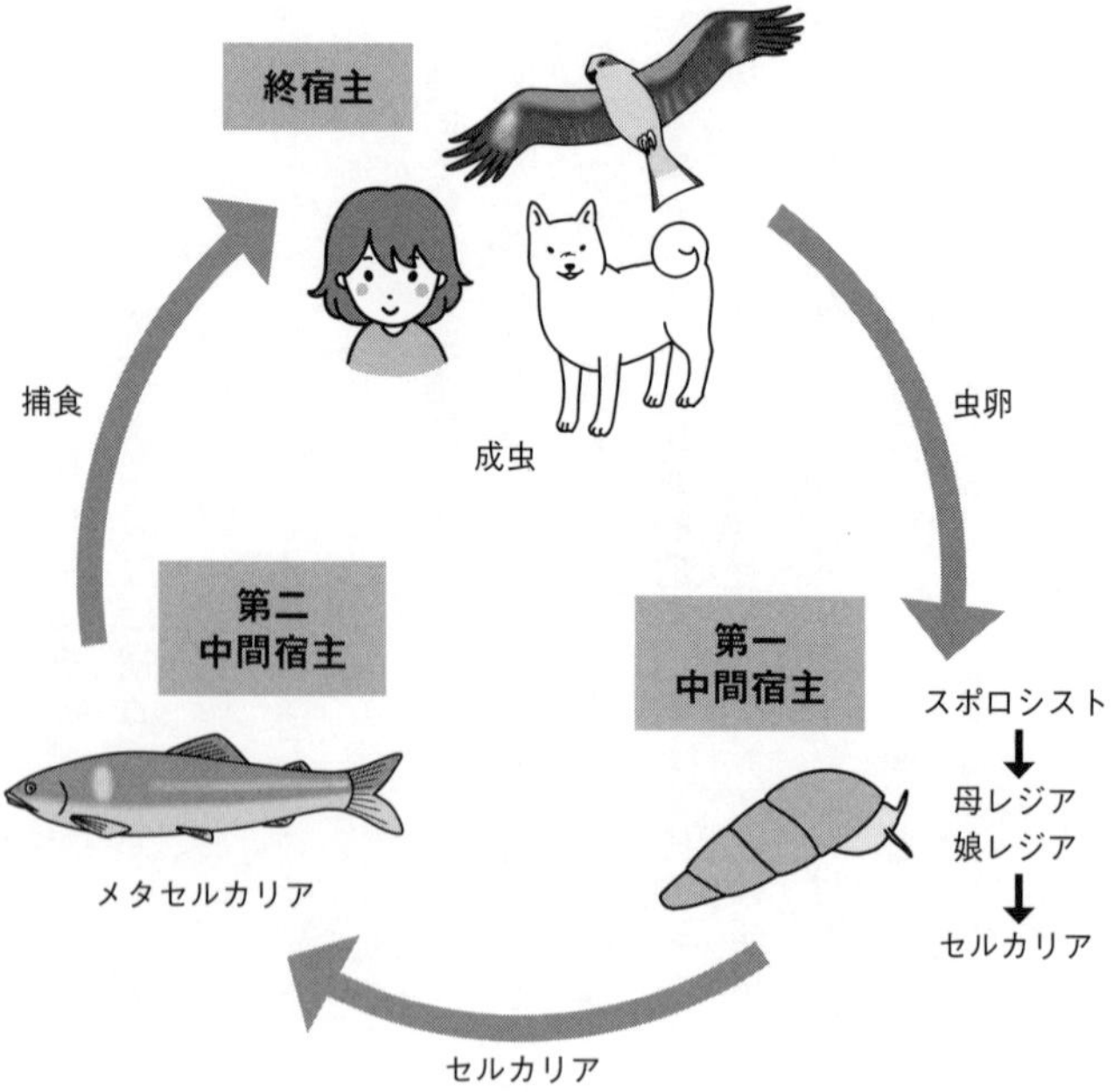

[図 76] 横川吸虫のライフサイクル。魚食性の哺乳類および鳥類が終宿主となる（宿主域は比較的広い）。第一中間宿主（カワニナ）から遊出したセルカリアは第二中間宿主（アユ、シラウオ、ウグイなど）のウロコや筋肉でメタセルカリアとなる。メタゴニムス属の他の種も同様のライフサイクルを示すが、第二中間宿主に対する特異性がそれぞれ異なる。

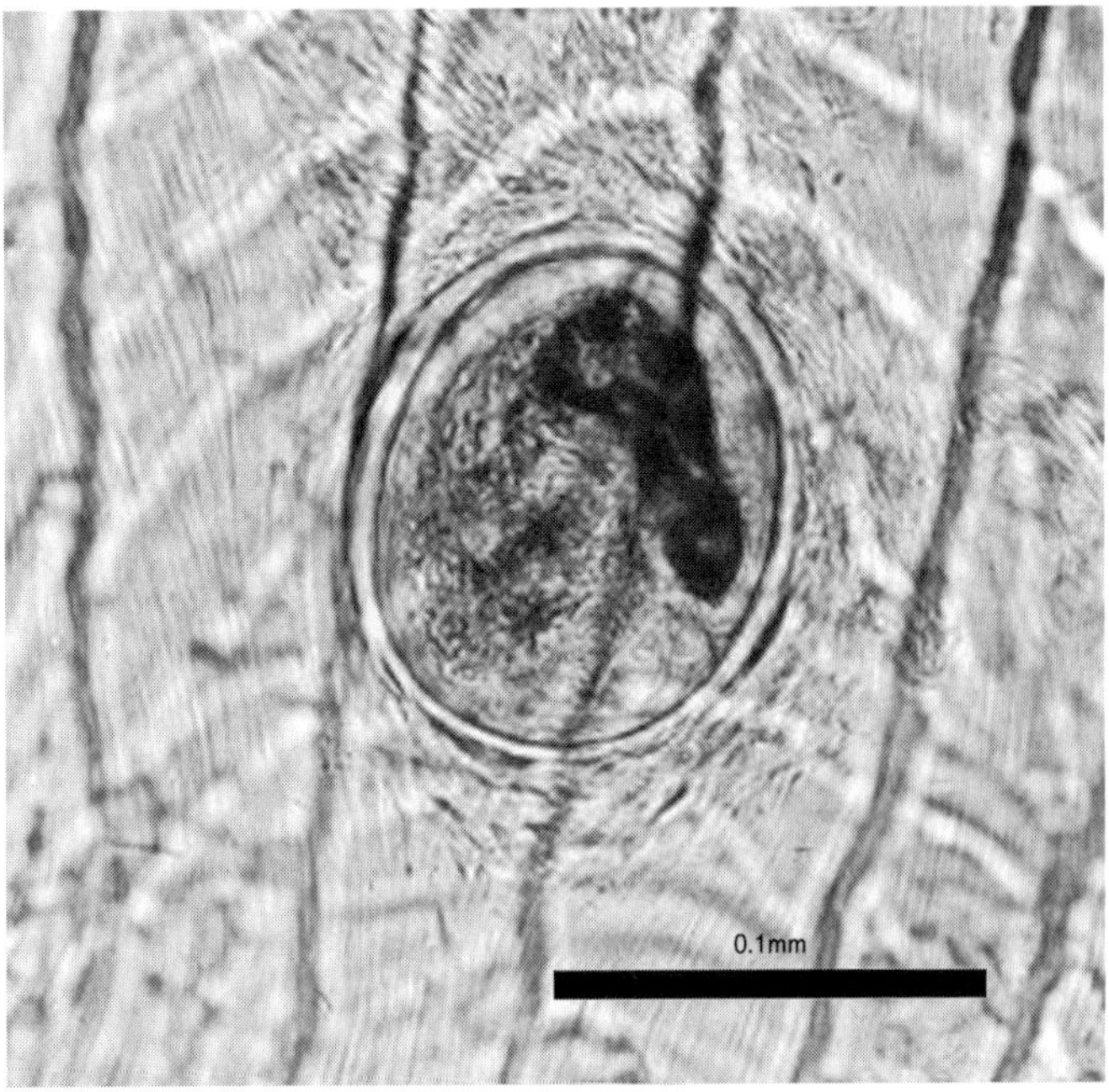

［図 77］エゾウグイのウロコに寄生するメタゴニムス属吸虫のメタセルカリア。カプセルの中にうずくまるようにして幼虫が入っている。内部の幼虫はすでに吸盤が形成され、小さいながら吸虫らしい姿をしている。黒っぽい部分は排泄嚢。

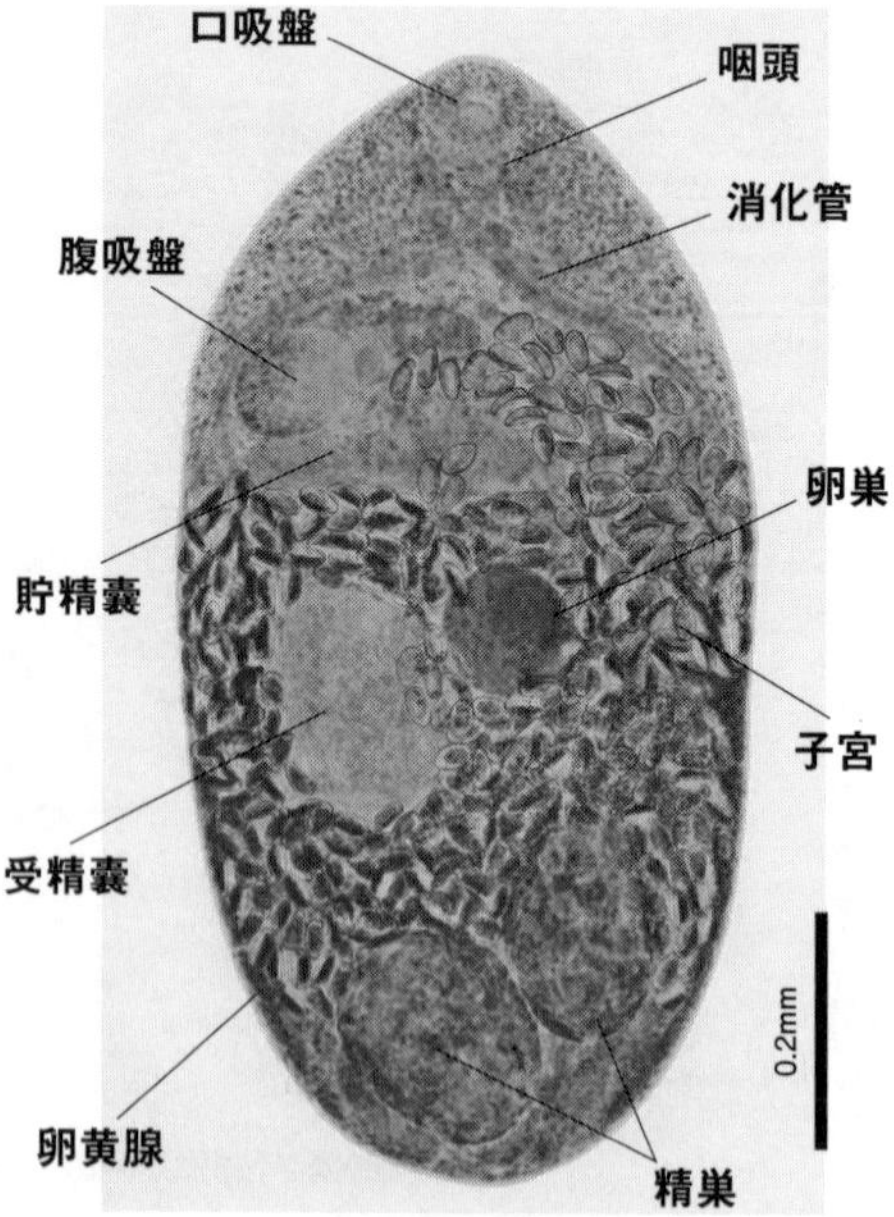

[図 78] 横川吸虫成虫（ハイデンハイン鉄ヘマトキシリン染色)。生殖腹吸盤と呼ばれる生殖孔と腹吸盤が組み合わされた構造が体の右側に偏って位置している。この吸虫は陰茎を持たないので、どうやって他の個体と交接しているのか気になる。腹吸盤同士を吸着させて精子を交換しているのだろうか。

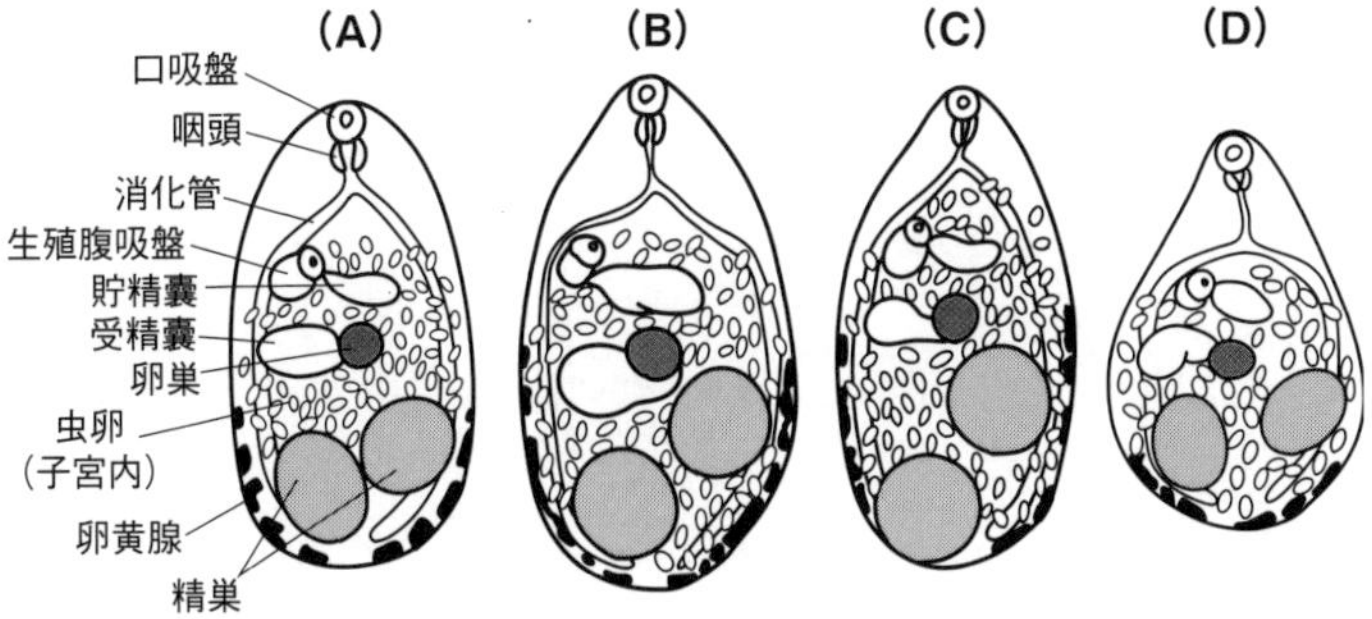

[図 79]　メタゴニムス属吸虫成虫の模式図。(A) 横川吸虫タイプ。精巣の下側には子宮が及ばないので虫卵が見られない。白馬吸虫もこれに近い。(B) 高橋吸虫タイプ。大型。精巣の下側にも虫卵が存在する。メタセルカリアや虫卵も他の種と比べて大きい。古賀吸虫も同様。(C) 宮田吸虫タイプ。精巣の下側にも虫卵が存在する。右精巣が体の後端に接する。斎藤吸虫も同様。(D) 桂田吸虫タイプ。小型でおむすび型のものが多い。精巣の配置は同じ高さのものから斜めのものまで様々である。精巣の下側にも虫卵が存在する。大鶴吸虫、嶋津吸虫、記野吸虫はこれに近い。

の精巣を持つ。体中にぎっしりつまっている粒々は虫卵である。先に挙げた他の種の成虫も、見分けがつかないほどよく似ている［図79］。ただし、横川吸虫は二つの精巣の下側に虫卵が見られないことから比較的他の種と見分けがつきやすい。他は非常に難しい。

高橋吸虫は精巣の下側まで虫卵が充満し、少し大型だがたまに小さめの個体もいる。高橋吸虫と古賀吸虫を見分けることは不可能に近い。宮田吸虫は一方の精巣が体の後端に接しているが、たまに接していないものもいる。宮田吸虫と斎藤吸虫を区別することは私にはできない。桂田吸虫や記野吸虫は小さい……と、このように、識別はだんだん投げやりになってくる（私個人の問題である）。

それではどうやって私たちがこれらを区別したのかといえば、遺伝子解析と感染実験である。まず魚類からメタセルカリアをたくさん集めて遺伝子配列の一部を解析した。九州から北海道まで共同研究者の協力を得て全四四種の淡水魚を調べた。河川で採集してくれた方々の苦労は並々ならぬものがある。

私は北海道を中心に採集に行ったが、非力ゆえにタモ網《あみ》を使ったガサガサ（網を使って水底の泥や水草の間にいる生物を採集する）がろくにできず、同行者のお世話になりっぱなしであった。さらに、魚類を同定する能力がないため、これについても共同研究者にお願いした。寄生虫を調べる上で、宿主の種同定は欠かせないのだが、全ての分類群を寄生虫研究者のみでカバーすることは不可能である。そのため、魚類、鳥類、昆虫、軟体動物……など、それぞれの分類群の専門家の協力が不可欠である。

メンバー全員の努力の甲斐《かい》あって、魚種によって寄生する種に偏《かたよ》りがあることが分かった。これをマウスに経口投与して成虫まで発育させ、成虫の形態観察と遺伝子解析を行うことで一つずつ種を決定していった。それぞれの吸虫種と第二中間宿主となる魚類について、表3にまとめた。

正確にいうと、宿主特異性が高い種とそうでもない種が存在する。例えば、宮田吸虫や横川吸虫はアユ、ウグイなど複数の魚種に寄生し、比較的宿主域が広い。一方、白馬吸虫はスナヤツメ、嶋津吸虫はカネヒラを中間宿主と決めている。なぜそれ一つに決めたのか寄生虫に問いただしたくなるような宿主のセレクトである。ただしこれは宿主が受け入れるかどうかという問題もある。

高橋吸虫はフナやコイに寄生するが、逆にいうとフナやコイは他のメタゴニムス属吸虫が寄生していない。つまり、宿主特異性というのは、寄生虫側の選択と宿主側の許容に関する複数の要因で決定されるものなのである。「許容」しているとはいえ、メタセルカリアが寄生している部位には宿主の反応が見られることがある。寄生部位にメラニン色素が沈着し、黒点が観察される。

吸虫種	第二中間宿主	分布
横川吸虫	アユ、シラウオ、ウグイ類	全国
高橋吸虫	コイ、フナ	全国
桂田吸虫	タナゴ類	西日本、九州
大鶴吸虫	ハゼ類	本州、九州
宮田吸虫	アユ、ウグイ類	全国
白馬吸虫	スナヤツメ	本州
斎藤吸虫	オイカワ、カワムツ、アユ、ウグイ類	西日本、九州
古賀吸虫	アユ、ウグイ類	全国
嶋津吸虫	カネヒラ	西日本、九州
記野吸虫	ウグイ類	北海道

（Nakao et al., 2022 などをもとに作成）

[表 3] 日本のメタゴニムス属吸虫とその第二中間宿主ならびに国内における分布。寄生特異性が高いものもあり、スナヤツメやカネヒラなど、「なぜピンポイントでその魚種にしたのか」と尋ねたくなる。

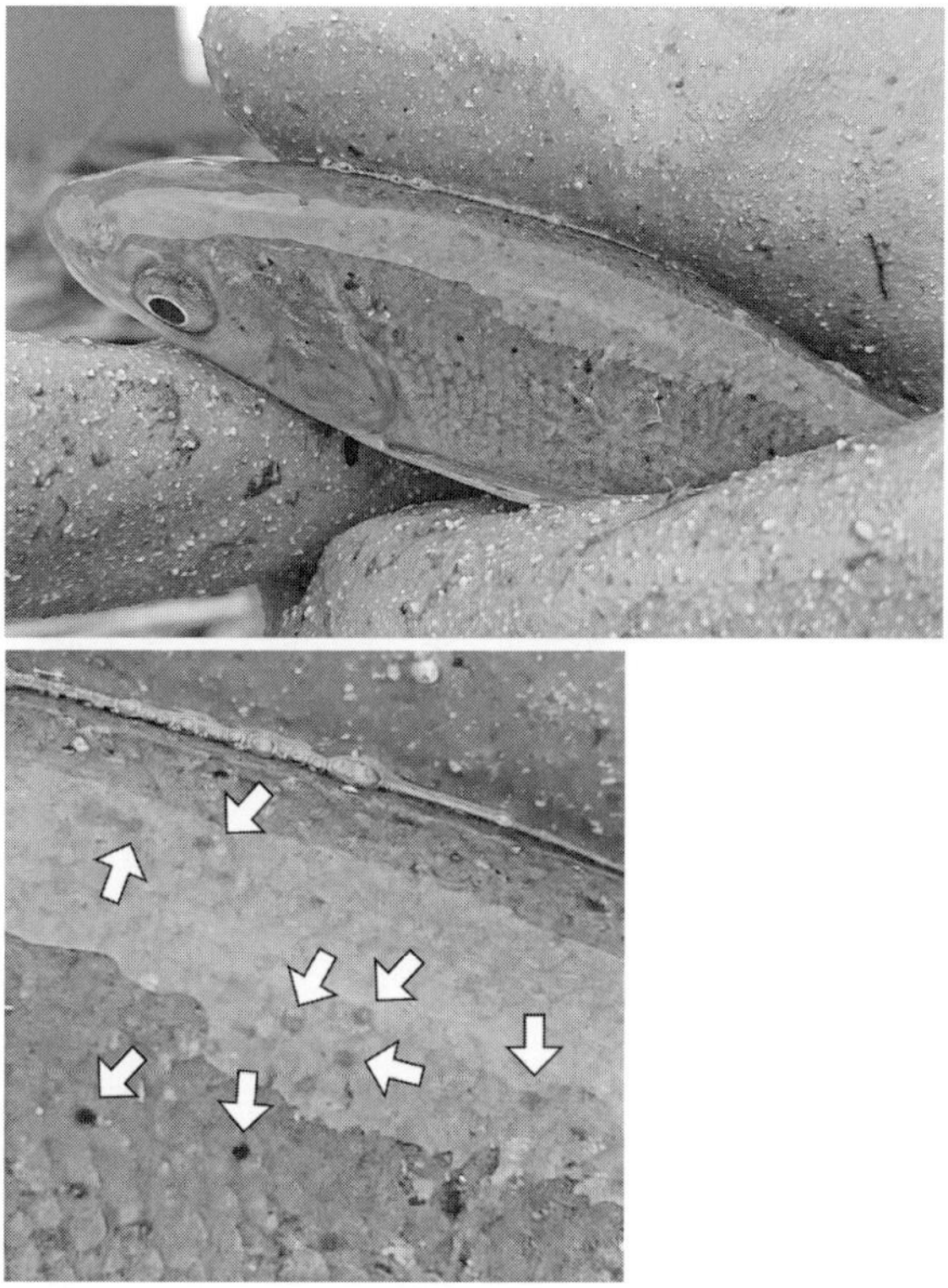

[図 80] エゾウグイの背部に見られる多数の黒点。ときに小さな個体も大きな個体も 100 パーセント黒点を持っている場所がある。北海道では宮田吸虫の割合が多いが、古賀吸虫、記野吸虫、横川吸虫も混在する。

旭川市のとある河川でエゾウグイを釣ると、ほとんどの個体が多数の黒点を持っており〔図80〕、この部位を顕微鏡で観察するとメタセルカリアを見つけることができる。メラニン色素の沈着がどの程度メタセルカリアに傷害を与えるのかは不明である。タナゴ類ではときにウロコが逆立って体表がキラキラと輝く個体が発見され、「銀鱗《ぎんりん》タナゴ」と呼ばれて珍重されているが、これは桂田吸虫の寄生に起因している。

第二中間宿主の生息域に合わせて、それぞれの吸虫種の分布も異なる。例えば、宮田吸虫は日本全国に分布するが、斎藤吸虫はおもに西日本と九州に分布する。西日本以南に多いオイカワやカワムツがおもな第二中間宿主であるためだろう。宮田吸虫と斎藤吸虫は成虫および幼虫の形態からは全く見分けがつかないのだが、分布域が異なるのがおもしろい。また、桂田吸虫および嶋津吸虫も西日本や九州に多い。タナゴ類が西日本に多く分布するためだ。一方、記野吸虫はなぜか北海道でしか見られない。北海道以北、つまりロシアにも分布する北方種なのかもしれない。

メタゴニムス属吸虫の終宿主はキツネやタヌキなどの哺乳類、トビやサギ類などの鳥類である。ヒトもこれに含まれ、アユ、シラウオ、コイなどの生食により感染する。

かつてはヒトがメタゴニムス属吸虫の終宿主として重要な役割を果たしていたのであろう。淡水魚が現代よりも食料資源として重要視され、加えて下水道が整備されていなかった時代、人々はその小腸にたくさんの成虫を宿し、虫卵を河川に排出していたはずである。メタゴニムス属吸虫全盛期だったと思う。

現在では淡水魚を食べる機会も減り、多くの方が生食を避けている。終宿主となる哺乳類や鳥類、中間宿主であるカワニナや淡水魚も減少している。メタゴニムス属吸虫を絶滅から救うために（救いたいと思う方は少ないと思うが）、私一人が頑張ってアユやコイを生食して川で排泄しても、力になれないと思う。寄生虫を守るためには、宿主となる動物の保護、ひいては現存する自然環境の保全が必要だ。

終章

減らないように、増えないように

「その研究は何の役に立つのですか」

寄生虫に関する研究をしていると、「その研究は何の役に立つのですか」と聞かれることがある。これはまた失礼な質問だなあと思いつつも、確かに役には立ちませんねと納得している自分がいる。

寄生虫は感染症の原因となるため、寄生虫学は医学の分野から発展した。人類の歴史において、いつの時代も感染症との闘いは重要なテーマだったのだから、当然のことだ。現代の日本では寄生虫感染症はきわめて稀《まれ》なものとなったが、未《いま》だ寄生虫感染症が流行している国がある。ワクチンや治療薬の開発につながる研究は役に立つと誰もが思うだろう。また、病原体の伝播《でんぱ》や体内への侵入メカニズムを解明することは、その感染症に対する対策を講じる上で重要なので、これも役に立つ研究である。これに対して、私が日々行っているような、何の害もない寄生虫を巻貝の奥のほうからほじくり出してネチネチと調べるような研究は、役に立たない研究なのだろうか。

本書では私が特に気に入っている寄生虫について紹介したが、これは寄生虫の世界のごく一部を見ているに過ぎない。未記載種なんてゴロゴロいる。たとえ私が見つけた種を他の誰かも見つけて先に記載されてしまっても、「まあ、記載しなければならない種なんぞまだまだいるしな」と、さほど悔しくもない（正直に言えば少し悔しいが）。

寄生虫は生態系の一部に組み込まれている。生態系というとどうしても生物同士の「食べたり食べられたり」という関係に目が行きがちだが、寄生虫はこの食物連鎖《しょくもつれんさ》という鎖に直接乗っているわけではない。食物連鎖やその他の生物同士の関係を利用して生きている。逆にいえば、寄生虫の生活を追えば、宿主同士の思わぬつながりが見えてくるかもしれない。

私のお気に入りの調査地には大量のオナガガモが飛来し、川がオナガガモで埋め尽くされるほどだ。この河川で採集されるフクドジョウには、おびただしい数のアパテモン属吸虫の幼虫（メタセルカリア）が寄生している。寄生率は一〇〇パーセントといって差し支えない。さらに、フクドジョウ一個体あたり三〇〇前後のメタセルカリアが寄生している。白い粒々が肉眼で見えるので、人によっては卒倒してしまうかもしれない。

この寄生虫のメインの終宿主はオナガガモだと信じている。つまり、オナガガモはドジョウが大好物なのではないか。このように「この動物はこれをよく食べているのではないか」とか「この動物はこんな場所を頻繁《ひんぱん》に訪れているのではないか」などと宿主の食性や行動を想像できるのが寄生虫学のおもしろさだと思う。

オナガガモに成虫がたくさんいることを証明すべく、調査研究の許可を得て捕獲を試みたが、一羽も採れなかった。禁止されているにもかかわらずエサを毎日撒《ま》いているおじさんのところにはカモが集まってくるのに、許可を取ってエサを撒いた私のところには一羽もきてくれなかった（オオハクチョウだけは追いかけてくるので怖かった）。殺気が漏れていたのだろうか。野生動物が相手だとうまくいかないことは多い。

このような研究が役に立つかどうかと聞かれれば、私にもよく分からない。だが、生物がいかに多様であるかを知る必要はある。遺伝的多様性が失われることで集団としての感染症に対する抵抗力が低下することはよく知られているし、同様に種多様性が失われることも、生態系全体の衰退につながる。

種の多様性がどれほどの速さで失われていっているのか、それは食い止めなければいけないものなのか、それを知るには現状を把握しなくてはならない。あらゆる生き物を同じように評価しなければ、生態系全体の状況をつかむことはできない。寄生虫だってその一員なのだから、研究してもらう権利はある。寄生虫視点から考えれば、これまで知られていなかった生態系における生物同士のつながりが見えてくるかもしれない。

私は獣医師なので、ヒトや家畜、そして野生動物の命を守ることは重要だと思っている。獣医師の責務は「動物の病気を治すあるいは予防する」ことにはとどまらない。食肉や鶏卵《けいらん》をはじめとした食品の安全性確保、野生動物由来感染症の監視、飼育動物の管理指導など、獣医師が関与している仕事は一般の方が思うよりずっと多い。獣医師は「ヒト」「動物」「環境」をつなぐ立場にあり、ヒトや動物の病気のことだけではなくそれをとりまく環境の評価や保全に関する知識も必要とされる。野生生物が保有する病原体（病原性の強さにかかわらず）を把握することも重要である。などと言って「役に立つ研究である」ことを必死に認めてもらおうとするものの、実は、役に立たなくてもよいと思っている。

寄生虫そのものだって、生態系において役に立っていないかもしれないし役に立っているのかもしれない。存在しなくても他の生物に何ら影響を与えないのかもしれないし、いなくなったら大きな影響を与えるのかもしれない。いなくなって初めて大切だったと気づくことだってあるだろう。

寄生虫だってその他の生物だって、何かの役に立とうとして生きているわけではない。寄生虫研究者も別に役に立たなくてよい。お金にはならないかもしれないけれど、正直に、地道に、知らないものを探して、見て、伝えていければよいと思っている。

「あなたがいないと生きていけない」

第一章の最初にお話ししたとおり、寄生虫は他の生物に依存して生きている。もちろん、自由生活性の動物だって多かれ少なかれ必ず他の生物に依存して生きている。私たちヒトも環境の中で他の生物を利用して暮らしている。だが、私たちには「この生物が絶滅したら生きていけない」という依存相手はいない。

寄生虫は「このステージをこの宿主のこの場所で過ごさなければならない」というように宿主への依存度が高い。寄生虫種によっては世界でたった一種の宿主にだけ頼っているものもいる。まさに「あなたがいないと生きていけないの」という面倒なやつだ。

寄生虫が世界に必要かどうかは分からないが、その寄生虫だけを守っていきたいと意気込んでも無理なことだ。他の生物と同じく、ときにそれ以上に、複雑な生態系を上手に利用し、多くの生物に依存しているため、環境全体を保全しなくては寄生虫を守れない。

漠然と「自然を大事にしよう」「環境保全につとめよう」と言うよりも、「フィロフタルムスを守るために干潟《ひがた》をきれいに保とう」「それぞれの地域のメタゴニムスを維持するために淡水魚を別の河川に移動するのはやめよう」「条虫類の多様性を守るために昆虫が棲《す》みやすい環境を維持しよう」などと具体的に考えたほうが楽しい。

ライフサイクルに基づいて、どうすれば現在いる寄生虫が減らないように、また、悪い影響を与えるほど増えないように、私たちと共存できるか考え、実行すれば、おのずと生態系の維持につながるのではないだろうか。

「寄生虫を守る」というのは、別に虫卵をばらまいて寄生虫感染を広げようというものではなく、生態系の一員としてそのまま維持されることを望むだけだ。今ひっそり生きている小さいものたちに、また出会えるように。そして、私たちの子孫もこの美しい生物を見つけ、感動することができるように祈っている。

あとがき

子供の頃から「変わっている」「おかしな行動をとる」「何を考えているか分からない」などとよく言われます。私は「好きなもの」より「嫌いなもの」へのこだわりが強いようです。掃除機の音、人混み、果物や靴下に貼られたシール、衣類のタグ、そして「虫」。小学生のときにカラタチの実が欲しくて棒でつついていたら、巨大なイモムシ（アゲハの幼虫）が落ちてきたことがありました。記憶の中ではものすごく巨大、それはもう大変恐ろしい思いをしました。

私にとって、虫は気持ち悪くて恐ろしいもののようです。たぶん、それは今も変わらなくて、寄生虫を見つけるとうれしいのか怖いのか分からないけれどゾクゾクします。しかし、それがどんな生き方をしているのか調べてみると、複雑で合理的で（ときに全く合理的ではなくて）、とてもおもしろいのです。だからまた次の寄生虫を探して、見つけるとゾクゾクして、でも楽しい。その繰り返しなので、感情の動きが激しくて飽きることがありません。ホラースポット巡りのようです。物事に対してそんな興味の持ち方をする子供（もう大人ですが）もいるということを世の親御さんたちに伝えたいです。

「うちの子は変わってるかも……」と心配している方もいらっしゃるかもしれませんが、別に変わってなどいません。教科書に載っている吸虫の中で、日本住血吸虫《にほんじゅうけつきゅうちゅう》は雌雄異体《しゆういたい》であることや中間宿主が省略されることから、変わっていると言われます。しかし、広い吸虫の世界には吸盤がないのも陰茎《いんけい》がないのも単為生殖なのもいて、「普通」なんてありません。本書ではごく一部の寄生虫を紹介したに過ぎませんが、個性的な寄生虫たちの暮らしを少しでも味わっていただければうれしく思います。

こんな私と一緒に虫探しをしてくれる共同研究者の皆様、ＳＮＳ等を通じて情報提供してくださる方々、いつもありがとうございます。寄生虫に興味を持って、私に執筆の機会をくださったｄＺＥＲＯの上月晴絵様、大変お世話になりました。そして、私にこんなにも楽しい世界の入り口を示してくださった恩師の筏井《いかだい》宏実《ひろみ》先生に、感謝申し上げます。

二〇二三年四月

佐々木瑞希《ささきみずき》

【た行】

【な行】

【は行】

【さ行】

本書に登場する寄生虫

【あ行】

【か行】

所報』.

鈴木聡（2018）「ニホンイタチー在来種と国内外来種」増田隆一編『日本の食肉類』. 東京大学出版会 .

山下次郎，神谷正男（1997）『増補版　エキノコックスーその正体と対策ー』北海道大学出版会.

頭虫の人体感染の 1 例」*Clinical Parasitology*.

森誠治，関亦丈夫，前場隆志，原田正和，村主節雄，影井昇（1998）「胃癌手術で偶然発見された ***Bolbosoma*** 属鉤頭虫の人体感染の 1 例」『病原微生物検出情報』感染症情報センター.

八木欣平，大淵美帆子，浦口宏二，木島敏明（2001）「ヒト大腸から摘出された鉤頭虫 ***Corynosoma villosum*** (Acanthocephala: polymorphidae) について」第 48 回日本寄生虫学会，日本衛生動物学会北日本支部合同大会.

〈第六章〉

Harris, S. (1981) An Estimation of the Number of Foxes (***Vulpes vulpes***) in the City of Bristol, and Some Possible Factors Affecting Their Distribution. *Journal of Applied Ecology*.

Sato, H., Ihama, Y., Inaba, T., Yagisawa, M., Kamiya, H. (1999) Helminth Fauna of Carnivores Distributed in North-Western Tohoku, Japan, with Special Reference to ***Mesocestoides paucitesticulus*** and ***Brachylaima tokudai***. *Journal of Veterinary Medical Science*.

Uchida, A., Uchida, K., Itagaki, H., Kamegai, S. (1991) Check List of Helminth Parasites of Japanese Birds. *Japanese Journal of Parasitology*.

犬飼哲夫（1949）「野鼠駆除のため北海道近島へイタチ放飼とその成績」『札幌博物学会会報』.

浦口宏二（2004）「都市ギツネの個体数推定―位置のデータで数を知る―」『哺乳類科学』.

浦口宏二（2015）「市街地に出没するキタキツネの実態とエキノコックス症」『森林野生動物研究会誌』.

桂田富士郎（1912）「我日本ニ於ケル『ヘテロフヰエス』」『岡山医学会雑誌』.

佐々木瑞希，新倉（座本）綾，佐藤雅彦，塩崎彬，中尾稔（2021）「利尻島初記録のテニア科条虫 ***Versteria mustelae*** (Gmelin,1790)」『利尻研究』.

高橋健一，浦口宏二，トーマス・ロミグ，畠山英樹，田村正秀（2002）「キツネ用駆虫薬入りベイトを用いたエキノコックス症感染源対策法の検討」『道衛研

Murata, R., Suzuki, J, Sadamasu, K., Kai, A. (2011) Morphological and Molecular Characterization of ***Anisakis*** Larvae (Nematoda: Anisakidae) in ***Beryx splendens*** from Japanese Waters. *Parasitology International*.

Sasaki, M., Miura, O., Nakao, M. (2022) ***Philophthalmus hechingeri*** n. sp. (Digenea: Philophthalmidae), a Human-Infecting Eye Fluke from the Asian Mud Snail, ***Batillaria attramentaria***. *Journal of Parasitology*.

Sasaki, M., Katahira, H., Kobayashi, M., Kuramochi, T., Matsubara, H., Nakao, M. (2019) Infection Status of Commercial Fish with Cystacanth Larvae of the Genus ***Corynosoma*** (Acanthocephala: Polymorphidae) in Hokkaido, Japan. *International Journal of Food Microbiology*.

Sato, C., Sasaki, M., Nabeta, H., Tomioka, M., Uga, S., Nakao, M. (2019) A Philophthalmid Eyefluke from a Human in Japan. *Journal of Parasitology*.

Tada, I., Otsuji, Y., Kamiya, H., Mimori, T., Sakaguchi, Y., Makizumi, S. (1983) The first Case of a Human Infected with an Acanthocephalan Parasite, ***Bolbosoma*** sp. *Journal of Parasitology*.

Takahashi, K., Ito, T., Sato, T., Goto, M., Kawamoto, T., Fujinaga, A., Yanagawa, N., Saito, Y., Nakao, M., Hasegawa, H., Fujiya, M. (2016) Infection with Fully Mature ***Corynosoma*** cf. ***validum*** Causes Ulcers in the Human Small Intestine. *Clinical Journal of Gastroenterology*.

磯田幸太郎，黒田真紀子，清水達治，奥村悦之（2006）「胃内視鏡検査により発見された Bolbosoma 属鉤頭虫症の 1 例」Clinical Parasitology.

片平浩孝，藤田朋紀，中尾稔，羽根田貴行，小林万里（2017）「コリノソーマ症：鰭脚類を終宿主とするあまり知られていない人獣共通寄生虫症」『哺乳類科学』.

後藤陽子（2007）「トドの腸はどれ位の長さですか？」『釧路水試だより』.

小林透，金栄浩，船曳秀，笹原寛，喜田洋平，文野真樹，川口雅功，石井望人，森村正嗣，石本喜和男（2002）「上部消化管内視鏡検査にて ***Bolbosoma*** 属寄生虫が偶然発見された 1 例」『日本消化器内視鏡学会雑誌』.

樋野陽子，土橋康成，小林雅夫，有薗直樹，影井昇（2002）「***Bolbosoma*** 属鉤

出羽寛（2005）「旭川地方のコウモリ類 III」『旭川大学紀要』.

長澤和也（2015）「日本産淡水魚類に寄生する条虫類目録（1889–2015 年）」『広島大学総合博物館研究報告』.

北海道開発協会（2005）『明日への水辺創造…牛朱別川分水路』.

〈第五章〉

Beaver, P. C., Otsuji, T., Otsuji, A., Yoshimura, H., Uchikawa, R., Sato, A. (1983) Acanthocephalan, Probably ***Bolbosoma***, from the Peritoneal Cavity of Man in Japan. *American Journal of Tropical Medicine and Hygiene*.

Ching, H. L. (1961) The Development and Morphological Variation of ***Philophthalmus gralli*** Mathis and Leger, 1910 with a Comparison of Species of ***Philophthalmus*** Looss, 1899. *Proceedings of the Helminthological Society of Washington*.

Fujita, T., Waga, E., Kitaoka, K., Imagawa, T., Komatsu, Y., Takanashi, K., Anbo, F., Anbo, T., Katuki, S., Ichihara, S., Fujimori, S., Yamasaki, H., Morishima, Y., Sugiyama, H., Katahira, H. (2016) Human Infection by Acanthocephalan Parasites Belonging to the Genus ***Corynosoma*** Found from Small Bowel Endoscopy. *Parasitology International*.

Hechinger, R. F. (2007) Annotated Key to the Trematode Species Infecting ***Batillaria attramentaria*** (Prosobranchia: Batillariidae) as first Intermediate Host. *Parasitology International*.

Ishikura, H., Takahashi, S., Sato, N., Kon, S., Oku, Y., Kamiya, M., Ishikura, H., Yagi, K., Ishii, H., Yamamoto, H., Kamura, T., Kikuchi, K. (1996) Perforative Peritonitis by the Infection with Young Adult Female of ***Bolbosoma*** sp.: a Case Report. *Japanese Journal of Parasitology*.

Kaito, S., Sasaki, M., Goto, K., Matsusue, R., Koyama, H., Nakao, M., Hasegawa, H. (2019) A Case of Small Bowel Obstruction due to Infection with ***Bolbosoma*** sp. (Acanthocephala: Polymorphidae). *Parasitology International*.

Waki, T., Nakao, M., Sasaki, M., Ikezawa, H., Inoue, K., Ohari, Y., Kameda, Y., Asada, M., Furusawa, H., Miyazaki, S. (2022) ***Brachylaima phaedusae*** n. sp. (Trematoda: Brachylaimidae) from door snails in Japan. *Parasitology International*.

Wesołowska, W., Wesołowski, T. (2013) Do ***Leucochloridium*** Sporocysts Manipulate the Behaviour of their Snail Hosts? *Journal of Zoology*.

Waki, T., Sasaki, M., Mashino, K., Iwaki, T. Nakao, M. (2020) ***Brachylaima lignieuhadrae*** n. sp. (Trematoda: Brachylaimidae) from land Snails of the Genus ***Euhadra*** in Japan. *Parasitology International*.

Yamaguti, S. (1935) Studies on the Helminth Fauna of Japan, Part 5, Trematodes of Birds, III. *Journal of Zoology*.

佐々木瑞希（2023）「陸貝を中間宿主とする吸虫類の多様性」『タクサ』.

佐々木瑞希，中尾稔（2021）「マイマイサンゴムシの自然界における終宿主の初記録」『タクサ』.

脇司，中尾稔，佐々木瑞希，髙野剛史，池澤広美，宮崎晋介（2022）「日本におけるマイマイサンゴムシ属（新称）***Brachylaima*** 吸虫未同定種の報告ならびに既知種の新産地，新宿主」『タクサ』.

〈第四章〉

Nakao, M., Sasaki, M. (2021) Trematode Diversity in Freshwater Snails from a Stopover Point for Migratory Waterfowls in Hokkaido, Japan: An Assessment by Molecular Phylogenetic and Population Genetic Analyses. *Parasitology International*.

Sasaki, M., Kobayashi, M., Yoshino, T., Asakawa, M., Nakao, M. (2021b) ***Notocotylus ikutai*** n. sp. (Digenea: Notocotylidae) from Lymnaeid Snails and Anatid Birds in Hokkaido, Japan. *Parasitology International*.

Yamasaki, H., Sanpool, O., Rodpai, R., Sadaow, L., Laummaunwai, P., Un M,. Thanchomnang, T., Laymanivong, S., Aung, W. P. P., Intapan, P. M., Maleewong, W. (2021) ***Spirometra*** Species from Asia: Genetic Diversity and Taxonomic Challenges. *Parasitology International*.

〈第三章〉

Chiu, M. C., Lin, Z. H., Hsu, P. W., Chen, H. W. (2022) Molecular Identification of the Broodsacs from ***Leucochloridium passeri*** (Digenea: Leucochloridiidae) with a Review of ***Leucochloridium*** Species Records in Taiwan. *Parasitology International*.

Nakao, M., Sasaki, M., Waki, T.(2020) ***Brachylaima succini*** sp. nov. (Trematoda: Brachylaimidae) from Succinea lauta, an amber snail in Hokkaido, Japan. *Parasitology International*.

Nakao, M., Sasaki, M., Waki, T., Anders, J. L., Katahira, H. (2018) ***Brachylaima asakawai*** sp. nov. (Trematoda: Brachylaimidae), a Rodent Intestinal Fluke in Hokkaido, Japan, with a Finding of the First and Second Intermediate Hosts. *Parasitology International*.

Nakao, M., Sasaki, M., Waki, T., Iwaki, T., Morii, Y., Yanagida, K., Watanabe, M., Tsuchitani, Y., Saito, T, Asakawa, M. (2019) Distribution Records of Three Species of ***Leucochloridium*** (Trematoda: Leucochloridiidae) in Japan, with Comments on Their Microtaxonomy and Ecology. *Parasitology International*.

Nakao, M., Sasaki, M., Waki, T. Asakawa, M. (2019) ***Pseudoleucochloridium ainohelicis*** nom. nov. (Trematoda: Panopistidae), a Replacement for ***Glaphyrostomum soricis*** Found from Long-Clawed Shrews in Hokkaido, Japan, with New Data on its Intermediate Hosts. *Species Diversity*.

Nakao, M., Waki, T., Sasaki, M., Anders, J. L., Koga, D. Asakawa, M. (2017) ***Brachylaima ezohelicis*** sp. nov. (Trematoda: Brachylaimidae) Found from the Land Snail ***Ezohelix gainesi***, with a Note of an Unidentified ***Brachylaima*** Species in Hokkaido, Japan. *Parasitology International*.

Sasaki, M., Anders, J. L., Nakao, M. (2021) Cestode Fauna of Murid and Cricetid Rodents in Hokkaido, Japan, with Assignment of DNA Barcodes. *Species Diversity*.

Sasaki, M., Iwaki, T., Waki T., Nakao, M. (2022) An Unknown Species of ***Leucochloridium*** (Trematoda: Leucochloridiidae) from Northern Honshu, Japan. *Parasitology International*.

三觜慶，河原淳，浅川満彦（2013）「北海道産トガリネズミ属蠕虫相概要およびチビトガリネズミ ***Sorex minutissimus*** では初めてとなる蠕虫学的検討」『酪農学園大学紀要』.

長澤和也（2016）「日本産コイ科魚類に寄生する単生類フタゴムシ ***Eudiplozoon nipponicum*** と近縁未同定種に関する解説」『生物圏科学』.

長澤和也，佐々木瑞希（2022）「北海道オホーツク海沿岸で漁獲されたサヨリから採取した寄生性等脚類 ***Mothocya*** sp.（ウオノエ科）」*Nature of Kagoshima*.

長澤和也，佐々木瑞希（2022）「北海道旭川市内で購入したキダイの口腔から得たウオノエ科等脚類，ソコウオノエ」*Nature of Kagoshima*.

水谷高英，叶内拓哉（2020）『フィールド図鑑　日本の野鳥』文一総合出版.

ロバート・プーラン，片平浩孝・川西亮太・入谷亮介訳（2022）『寄生虫進化生態学』共立出版.

〈第二章〉

Berriman, M., Haas, B. J., LoVerde, P. T., Wilson, R. A., Dillon, G. P., Cerqueira, G. C., Mashiyama, S. T., Al-Lazikani, B., Andrade, L. F., Ashton, P. D., Aslett, M. A., Bartholomeu, D. C., Blandin, G., Caffrey, C. R., Coghlan, A., Coulson, R., Day, T. A., Delcher, A., DeMarco, R., Djikeng, A., Eyre, T., Gamble, J. A., Ghedin, E., Gu, Y., Hertz-Fowler, C., Hirai, H., Hirai, Y., Houston, R., Ivens, A., Johnston, D. A., Lacerda, D., Macedo, C. D., McVeigh, P., Ning, Z., Oliveira, G., Overington, J. P., Parkhill, J., Pertea, M., Pierce, R. J., Protasio, A. V., Quail, M. A., Rajandream, M. A., Rogers, J., Sajid, M., Salzberg, S. L., Stanke, M., Tivey, A. R., White, O., Williams, D. L., Wortman, J., Wu W., Zamanian, M., Zerlotini, A., Fraser-Liggett, C. M., Barrell, B. G., El-Sayed, N. M. (2009) The Genome of the Blood Fluke ***Schistosoma mansoni***. *Nature*.

Kikuchi, T., Dayi, M., Hunt, V. L., Ishiwata, K., Toyoda, A., Kounosu, A., Sun, S., Maeda, Y., Kondo Y., de Noya, B. A., Noya, O., Kojima, S., Kuramochi, T., Maruyama, H. (2021) Genome of the Fatal Tapeworm ***Sparganum Proliferum*** Uncovers Mechanisms for Cryptic Life Cycle and Aberrant larval Proliferation. *Communications Biology*.

Nishihira, T., Urabe, M. (2020) Morphological and Molecular Studies of ***Eudiplozoon nipponicum*** (Goto, 1891) and ***Eudiplozoon kamegaii*** sp. n. (Monogenea; Diplozoidae) *Folia Parasitologica*.

O'Connor, B. M. (1982) Evolutionary Ecology of Astigmatid Mites. *Annual Review of Entomology*.

Poulin, R. (2007) *Evolutionary Ecology of Parasites*: Second Edition. Princeton University Press.

Sasaki, M., Iwaki, T., Nakao, M. (2022a) Rediscovery of ***Michajlovia turdi*** (Digenea: Brachylaimoidea) from Japan. *Journal of Parasitology*.

Scholz, T., Waeschenbach, A., Oros, M., Brabec, J., Littlewood, D. T. J. (2021) Phylogenetic Reconstruction of Early Diverging Tapeworms (Cestoda: Caryophyllidea) Reveals Ancient Radiations in Vertebrate Hosts and Biogeographic Regions. *International Journal for Parasitology*.

Shoop, W.L. (1988) Trematode Transmission Patterns. *Journal of Parasitology*.

Suyama, S., Yanagimoto, T., Nakai, K., Tamura, T., Shiozaki, K., Ohshimo, S., Chow, S. (2021) A Taxonomic Revision of ***Pennella*** Oken, 1815 Based on Morphology and Genetics (Copepoda: Siphonostomatoida: Pennellidae). *Journal of Crustacean Biology*.

Waked, R., Krause, P. J. (2022) Human Babesiosis. *Infectious Disease Clinics of North America*.

Waki, T., Shimano, S. (2020) A Report of Infection in the Crested Ibis ***Nipponia nippon*** with Feather Mites in Current Japan. *Journal of the Acarological Society of Japan*.

岩槻邦男・馬渡峻輔監修，白山義久編集（2000）『無脊椎動物の多様性と系統(節足動物を除く)』裳華房.

佐々木瑞希，石名坂豪，能瀬峰，浅川満彦，中尾稔（2019）「北海道斜里町のヒグマ腸管より検出された日本海裂頭条虫」『日本野生動物医学会誌』.

参考文献

＊太字イタリックは学名

〈第一章〉

Arizono, N., Shedko, M., Yamada, M., Uchikawa, R., Tegoshi, T., Takeda, K., Hashimoto, K. (2009) Mitochondrial DNA Divergence in Populations of the Tapeworm ***Diphyllobothrium nihonkaiense*** and its Phylogenetic Relationship with ***Diphyllobothrium klebanovskii***. *Parasitology International*.

Cribb, T. H., Bray, R. A., Olson, P. D., Littlewood, D. T. J. (2003) Life Cycle Evolution in the Digenea: a New Perspective from Phylogeny. *Advances in parasitology*.

Crowden, A. E., Broom, D. M. (1980) Effects of the Eyefluke, ***Diplostomum spathaceum***, on the Behaviour of Dace (Leuciscus leuciscus). *Animal Behaviour*.

Nakao, M. (2016) ***Pseudoacanthocephalus toshimai*** sp. nov. (Palaeacanthocephala: Echinorhynchidae), a Common Acanthocephalan of Anuran and Urodelan Amphibians in Hokkaido, Japan, with a Finding of its Intermediate Host. *Parasitology International*.

Nakao, M., Ishigoka, C. (2021) The Phylogeographic Puzzle of ***Pseudoacanthocephalus toshimai***, an Amphibian Acanthocephalan in Northern Japan. *Parasitology International*.

Nakao, M., Ishikawa, T., Hibino, Y., Ohari, Y., Taniguch, R., Takeyama, T., Nakamura, S., Kakino, W., Ikadai, H., Sasaki, M. (2022) Resolution of Cryptic Species Complexes within the Genus ***Metagonimus*** (Trematoda: Heterophyidae) in Japan, with Descriptions of Four New Species. *Parasitology International*.

Nakao, M., Sasaki, M. (2021) Frequent Infections of Mountain Stream Fish with the Amphibian Acanthocephalan, ***Pseudoacanthocephalus toshimai*** (Acanthocephala: Echinorhynchidae). *Parasitology International*.

Video on the Book
「本書収載の寄生虫カラー写真」を閲覧する方法

本書の購入者特典として、本書に登場する寄生虫のカラー写真を無料で閲覧できます。下記の手順でお楽しみください。パソコン、スマートフォン、タブレットのいずれでも閲覧できます。

---

① 下記のURLから、案内ページにアクセス
http://dze.ro/vob
＊スマートフォン、タブレットの場合は
右のQRコードをご利用ください。

② 本書の表紙画像の下にある「写真を見る」をタップ／クリックして、次の画面に進み、案内にしたがって本書を持っている方だけにわかるキーワードを入力

＊動画、音声、写真、文字を視聴・閲覧できるVideo on the Bookは、dZEROが配信しています。ご不明な点などは、dZEROお客様窓口（info@dze.ro）までお問い合わせください。

[本文写真提供]
原口麻子（北里大学獣医学部獣医寄生虫学研究室）
佐々木瑞希

［著者略歴］
寄生虫学者、獣医師、博士（獣医学）。1979年、宮城県に生まれる。北里大学獣医畜産学研究科博士課程修了。旭川医科大学助教を経て2023年に独立、寄生虫研究所の開設を目指している。専門分野は寄生虫学、獣医学で、おもに鳥類を終宿主とする鉤頭虫類の生活史や、ロイコクロリディウム属吸虫、エキノコックスなどの条虫について研究している。寄生虫学を普及させるために、SNSなどを通じて寄生虫の様々な生態を発信するとともに、一般からも寄生虫情報を募っている。

寄生虫《きせいちゅう》を守《まも》りたい

著者　佐々木瑞希《ささきみずき》

2023年6月21日　第1刷発行

装丁　鈴木成一デザイン室
装画　ささきえり
発行者　松戸さち子
発行所　株式会社dZERO
https://dze.ro/
千葉県千葉市若葉区都賀1-2-5-301 〒264-0025
TEL: 043-376-7396 FAX: 043-231-7067
Email: info@dze.ro

本文DTP　株式会社トライ
印刷・製本　モリモト印刷株式会社

落丁本・乱丁本は購入書店を明記の上､小社までお送りください。
送料は小社負担にてお取り替えいたします。
価格はカバーに表示しています。
978-4-907623-60-9

dZEROの好評既刊

細谷　功

具体と抽象

世界が変わって見える知性のしくみ

人間の知性を支える頭脳的活動を「具体」と「抽象」という視点から読み解く。新進気鋭の漫画家による四コマギャグ漫画付き。

本体 1800円

長谷川浩一

線虫

1ミリの生命ドラマ

すべての道は「線虫」に通ず。地球上のあらゆる場所に生息する線虫は、三億年以上にわたって精緻な「生と死」の営みを繰り広げてきた。この一冊で線虫のすべてがわかる。

本体 2400円

山岸明彦

まだ見ぬ地球外生命

分子生物学者がいざなう可能性の世界

系外惑星で生命が誕生している可能性は？　その生命はどんな進化を遂げる？　ところで、地球人類の未来は？　SFファンの分子生物学者と楽しむ生命の起源と進化をめぐる思考実験。

本体 2300円

定価は本体価格です。消費税が別途加算されます。本体価格は変更することがあります。